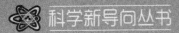

科学新导向丛书

U0631907

民航：
空中旅行

姜忠喆◎编著

成都时代出版社

图书在版编目(CIP)数据

民航:空中旅行/姜忠喆编著. —成都:成都时代出版社,2013.8(2018.8重印)

(科学新导向丛书)

ISBN 978-7-5464-0914-6

Ⅰ.①民… Ⅱ.①姜… Ⅲ.①民用飞机-世界-青年读物②民用飞机-世界-少年读物 Ⅳ.①V271-49

中国版本图书馆 CIP 数据核字(2013)第 140152 号

民航:空中旅行
MINHANG:KONGZHONG LÜXING

姜忠喆　编著

出 品 人　石碧川
责任编辑　陈余齐
责任校对　李　佳
装帧设计　映象视觉
责任印制　唐莹莹

出版发行　成都时代出版社
电　　话　(028)86621237(编辑部)
　　　　　(028)86615250(发行部)
网　　址　www.chengdusd.com
印　　刷　北京一鑫印务有限责任公司
规　　格　690mm×960mm　1/16
印　　张　14
字　　数　220 千
版　　次　2013 年 8 月第 1 版
印　　次　2018 年 8 月第 2 次印刷
书　　号　ISBN 978-7-5464-0914-6
定　　价　29.80 元

前　言

　　提起"科学"，不少人可能会认为它是科学家的专利，普通人只能"可望而不可即"。其实，科学并不高深莫测，科学早已渗入到我们的日常生活，并无时无刻不在影响和改变着我们的生活。无论是仰望星空、俯视大地，还是近观我们周围事物，都处处可以发现有科学之原理蕴于其中。即使是一些司空见惯的现象，其中也往往蕴涵深奥的科学知识。科学史上的许多大发明大发现，也都是从微不足道的小现象中生发而来：牛顿从苹果落地撩起万有引力的神秘面纱；魏格纳从墙上地图揭示海陆分布的形成；阿基米德从洗澡时溢水现象中获得了研究浮力与密度问题的启发；瓦特从烧开水的水壶冒出的白雾中获得了改进蒸汽机性能的想象；而大名鼎鼎的科学家伽利略从观察吊灯的晃动，从而发现了钟摆的等时性……所以说，科学就在你我身边。一位哲人曾说："我们身边并不是缺少创新的事物，而是缺少发现可创新的眼睛。"只要我们具备了一双"慧眼"，就会发现在我们的生活中科学真是无处不在。然而，在课堂上，在书本上，科学不时被一大堆公式和符号所掩盖，难免让人觉得枯燥和乏味，科学的光芒被掩盖，有趣的科学失去了它应有的魅力。常言道，兴趣是最好的老师，只有培养起同学们对科学的兴趣，才能激发他们探索未知科学世界的热忱和勇气。

　　科学是人类进步的第一推动力，而科学知识的普及则是实现这一推动的必由之路。在新的时代，社会的进步、科技的发展、人们生活水平的不断提高，为我们青少年的科普教育提供了新的契机。抓住这个契机，大力普及科学知识，传播科学精神，提高青少年的科学素质，是我们全社会的重要课题。

　　《科学新导向丛书》内容包括浩瀚无涯的宇宙、多姿多彩的地球奥秘、日新月异的交通工具、稀奇古怪的生物世界、惊世震俗的科学技术、源远流长的建筑文化、威力惊人的军事武器……丛书将带领我们一起领略人类惊人的智慧，走进异彩纷呈的科学世界！

丛书采用通俗易懂的文字来表述科学，用精美逼真的图片来阐述原理，介绍大家最想知道的、最需要知道的科学知识。这套丛书理念先进，内容设计安排合理，读来引人入胜、诱人深思，尤其能培养科学探索的兴趣和科学探索能力，甚至在培养人文素质方面也是极为难得的中学生课外读物。

《民航：空中旅行》一书是一本极具吸引力的资料性指南，介绍了世界上已经生产出的 100 多种最重要的客机和通用飞机。该书资料翔实，涵盖飞机种类广泛，从德·哈维兰飞机公司的"彗星"、洛克希德公司的"星座"、容克飞机公司的容克 52 等早期的飞机到如今的"协和"、波音 747、空中客车 A300 系列等客机，还包括世界各地的商务飞机和娱乐飞机。

阅读本丛书，你会发现原来有趣的科学原理就在我们的身边；

阅读本丛书，你会发现学习科学、汲取知识原来也可以这样轻松！

今天，人类已经进入了新的知识经济时代。青少年朋友是 21 世纪的栋梁，是国家的未来、民族的希望，学好科学是时代赋予我们的神圣使命。我们希望这套丛书能够激发同学们学习科学的兴趣，消除对科学冷漠疏离的态度，树立起正确的科学观，为学好科学、用好科学打下坚实的基础！

目　　录

第一章　民航发展概览

第二章　飞机纵览

第一章

民航发展概览

航空公司的出现

现在世界上的定期航班，每年可运送千百万旅客，在大多数主要航空港，班机不得不排着长队等待起飞，或在空中待机着陆。这样的空运量，在现代已司空见惯。因而许多人难以相信，倘若早期的德国飞艇航空股份有限公司的齐伯林飞艇空运和圣彼得斯堡至坦帕的飞艇航线上的短暂空运活动不计算在内的话，定期航班空运的出现距今已有 50 多年的时间。

1919 年，英、法、德分别建立空运业务，同年瑞士创办了军事航邮和短暂的客运业务。这一年是各国开创航空运输的一年。

英国空运事业的发展首先要归功于具有远见卓识的乔治·霍尔特·托马斯，早在 1916 年 10 月 5 日，他创建了飞机运输和旅游公司；其次是由于第一次世界大战结束后军事空运勤务的需要。

跨越海峡的航空运输开始于 1918 年 12 月间，当时，英国皇家空军的飞机往返于伦敦和巴黎之间，以运送英国政府参加和平会议的成员。1919 年 1 月 10 日，英国皇家空军第一（通信）中队，开始在伦敦至巴黎间定期空运旅客和邮件。

1919 年 8 月 25 日，是英国航空运输史上一个最重要的日子，因为在这一天开辟了定期国际商务空运每日航班。这项业务的经营者仍是飞机运输旅游公司，空运航线从伦敦至巴黎。从现在的希思罗附近的亨斯洛机场到法国布尔歇机场飞机起飞的时间，定为 12 时 30 分，直到第二次世界大战前，英国空运公司一直将这一时间作为这条航线的标准起飞时间。

英国最初的第三家航空公司开业于 1919 年 10 月 13 日，这一天，英斯通公司开辟了由加的夫经伦敦至巴黎的私用航线，其原意是为本公司运送人员和文件。但在 1920 年 2 月，它就改为伦敦至巴黎间的公用航班了。1921 年底，这家公司的空中运输部改为英斯通航空公司。

1920 年 12 月，飞机运输旅游公司停业，1922 年，戴姆勒航空公司承继了它的业务；1924 年由四家公司组成了帝国航空公司，其中三家就是戴姆勒公司、英斯通公司和汉德利·佩奇公司。帝国航空公司同后来的英国航空公司合并成为英国海外航空公司（BOAC）。因此，现在这家公司的创建可直接追溯到商务空运的开创时期。

北海航空公司和英国空中运输公司，在 1919 年都经营了少量的定期空运业务，但很快相继停业，对英国空运事业的发展没起多大作用。

法国声称，它于 1919 年 2 月 8 日开辟巴黎至伦敦空运航班，当时用一架法尔芒双发"歌利亚"号飞机，从巴黎飞到肯利。但这是一次专机飞行，载 11 名军人，既不是商务空运，也不是定期空运，因而不能称其为航班。法尔芒航空公司实际上是在 1919 年 3 月底开辟了巴黎至布鲁塞尔每周一次的航班，航空运输公司（CMA）则是在 1919 年 4 月开辟巴黎至里尔货运航班。

1919 年 9 月 16 日，航空运输公司与汉德利·佩奇运输公司开始联合经营巴黎伦敦空运业务，使用单发的布雷盖 14 型飞机，三天后法国经营的伦敦—巴黎间的首次航班开航。

第一次世界大战后不久，拉蒂高埃尔开始发展空运业务，即后来著名的跨越南大西洋、到达南美的法国空运业务。技术性试航开始于1918年底。1919年7月，在图卢兹、拉巴特和卡萨布兰卡之间开办了一种试验性邮件空运业务；1920年开办了远达卡萨布兰卡的定期邮件空运业务。到1925年6月，空运航线远至达喀尔。1933年10月，法国航空公司成立，从此该公司统一承办法国的上述空运业务和其他空运业务。

在德国，早期的空运业务始于1919年2月。德国空运公司用A.E.C和L.V.G单发双翼机开辟柏林至魏玛间的定期空运业务。同年3月，容克斯公司用J.10改型的全金属单翼机开辟德绍至魏玛航线，据说这是使用全金属飞机的第一条航线。汉堡和柏林之间也于3月通航。1919年，德国很多国内航线相继举行开航典礼，其中包括飞经奥格斯堡至慕尼黑至纽伦堡至莱比锡至柏林的鲁姆普勒航线。1926年，一些继续营业的航空公司最后合并为德国汉莎航空公司，即现在的汉莎航空公司的前身。

1919年2月开辟的柏林—魏玛航班，可以说是世界上第一条每日一次的客运航班，而飞机运输和旅游公司的伦敦至巴黎航班，则是第一个每日一次不间断的国际航班。

1919年1月8日，瑞士用黑费利DH-3双翼机，在苏黎世和伯尔尼之间，开辟试验性军邮航线。同年2月1日，这条航线伸延到洛桑。从5月5日起运送民用邮件，从6月起运送旅客，但这条航线于10月底关闭，再也没有开航。

比利时航空事业公司的前身比利时赤道非洲航空公司和荷兰皇家航空公司，均开创于1919年，但这两家公司在这一年并没有承办空运业务。

1919年，美国邮政局开辟美国横贯大陆的第一批邮政航班，由埃迪·哈伯德开创了西雅图—温哥华间的试验性邮政航线。这条航线比美国任何一家航空公司创办的不间断客运航班都要早。

民用航线的开辟

在航空运输的早期，美国远远落后于欧洲。英国、法国、德国、荷兰和斯堪的纳维亚，在 1914 ~ 1918 年的战争结束后不久，就有了比较发达的航空业务活动。

1919 年 8 月 25 日，英国飞机运输旅游公司在伦敦至巴黎航线上，首次开飞每日国际定时航班。不久以后，法国航空公司和汉德利·佩奇运输公司开始经营同一航线。

1920 年 5 月飞机运输旅游公司与荷兰皇家航空公司联合开办了至阿姆斯特丹的空运业务，但是，到这一年的年底，由于财务困难而停止营业。汉德利·佩奇运输公司和英斯通公司继续同受到补贴的外国竞争者展开竞争。但是，它们在 1921 年初，也被迫暂停营业，直到取得了一项临时补贴后，才又重新开始营业。1922 年 4 月，戴姆勒航空公司开始经营伦敦—巴黎的空运业务，到 1924 年 3 月，三家保留下来经营到欧洲大陆空运业务的英国航空公司，建立了一个服务于巴黎、布鲁塞尔、科隆、阿姆斯特丹、柏林、巴塞尔和苏黎世的航线网。英国海上航空公司开始经营南安普敦与格恩西之间的飞机空运业务。

由于飞机运输不经济，运输量不足，气象条件不良，飞行主要局限于昼间等种种原因，早期的航空公司都曾遭受到严重的经济困难。它们曾经谋求不同形式的政府补贴，因此最终四家公司合并成了一家享受补贴的国家航空公司。这就是在 1924 年 3 月 31 日成立的帝国航空公司。新的航空公司接管了除通往柏林以外的大部分前欧洲航线。但是，它的主要任务是建立英国本土与海外属地之间的空运干线。

第一个重点是开辟英国与印度之间的航线。尽管帝国航空公司的一架德哈维兰"赫尔克里士"飞机于1926年12月至1927年1月进行了伦敦与德里之间的勘测飞行，但这条航线的建立直到1929年才实现。

1927年1月7日，开辟了由巴士拉经巴格达和加沙至开罗的空运业务，这就是现在的英国海外航空公司全球航线发展的第一步。开辟了这项空运业务，就可以同连接塞得港与马赛的东方航运公司的邮船建立联运。1月12日，从开罗开始了首次东向空运。

1929年，开罗—巴格达至巴士拉航线的两端都延伸了，因而在伦敦与卡拉奇之间可以实现直达运输。不过，在巴塞尔—热那亚区段，旅客还需乘坐火车。到1934年12月，至澳大利亚的整个航线开始通邮；1935年4月，开始载运旅客。

第二个重点是从1931年2月起，分阶段地开辟至非洲的航线，从1932年1月起，与开普敦通航。

在20年代初，建立了一个范围很广的欧洲航线网，其中有两条被认为是当时的主干航线。1920年，在法国成立法国—罗马尼亚航空公司（后为国际航空公司），到这年10月，巴黎与布拉格之间开始通航。1921年4月，通航至华沙。1922年5月，通航至布达佩斯。1922年9月，通航至贝尔格莱德和布加勒斯特，10月通航至君士坦丁堡（现为伊斯坦布尔）。早在1923年，在某些航线段上就已经开始了夜航。1922年5月，前苏德联合经营的德俄航空公司，开辟了从柯尼希斯堡经科诺和科摩棱斯克至莫斯科的另一条主干航线。

欧洲的多数航班只在昼间飞行，而且许多航班在冬季还停飞。虽然使用了几架多发飞机，但主要还是使用单发飞机。而且多数飞机的座位不超过十二个。导航设备很少，但由于飞行技能高超，准时性还是很高的。迫降是经常的事，而着陆速度低和滑跑距离短，保证了多数迫降不致造成大事故。

20年代初期，一家欧洲航空公司即比利时赤道非洲航空公司从事的一项海外冒险事业，就是在比属刚果建立水上飞机航班业务。这是在赤道非洲建立的第一个航班。1920年7月，他们在利奥波德维尔（金沙萨）与恩贡布之间开始营业。到1921年7月，开辟了包括利奥波德维尔与斯坦利维尔之间的整个刚果河的航线。尽管刚果河的航班在1922年6月停止营业，但是比利时赤道非洲航空公司的后继公司——比利时航空事业公司后来还是发展了一个大的刚果运输网，并使之与欧洲相连接。

1921年10月，西澳大利亚航空公司开始经营杰拉尔顿—德比的邮政空运业务。1922年11月，快达航空公司开始经营夏尔维尔与克朗克里之间的旅客空运业务。这两个公司使用的都是战争剩余的单发双翼机。20年代，航空公司空运业的经营为澳大利亚今天的大空运系统奠定了基础。

1919年，在南美的法属圭亚那建立了第一条航线（经营时间不长）。最重要的公司是1919年在哥伦比亚建立的斯克塔公司，它有一批容克斯F13水上飞机，1921年开始营业。这家公司后来发展为哥伦比亚国家航空公司。因此，完全有理由认为，现在的这家公司是美洲最老的航空公司。

在美国，主要考虑的是空运邮件，而不是空运旅客。最初的目的是，建立一个横贯大陆的邮政航班，并且最初的空运业务实际上都是由邮局承担的。

1918年5月15日，华盛顿至费城至纽约邮政航班开业，并作为一个独立的营业机构一直存在到1921年5月底。（在华盛顿—纽约航班开业后刚好一年，在芝加哥与克利夫兰之间开辟了横贯大陆的第一段航线，并于1919年7月1日延伸到纽约至旧金山至萨克拉门托的一段短航线，是在1919年7月31日开辟的，而芝加哥至奥马哈段则是在1920年5月15日开辟的。）1920年9月8日，奥马哈至萨克拉门托段航线开辟后，横贯大陆空运邮件的航线就全部建成了。但是，由于飞行被限制在昼间，有些区段要靠火车运送。1920年，美国邮局也开辟了两条空运邮件的支线：芝加哥至圣路易斯，芝加哥至明尼阿波利斯/圣保罗，但经营时间不长。

1921年2月，在横贯大陆的整个航线上进行昼夜试验飞行，从旧金山至纽约，全程共历时33小时。1923年，为了加快空运速度，在芝加哥与夏威夷之间，建立了一条有灯标设备的航线，于是，1924年7月1日，在整个航线上开始了定期夜航。

邮局使用了各种类型的飞机，但大部分空运业务是由美制D.H.4敞开式座舱单发双翼机承担的。

在两次世界大战之间，航空运输发生了巨大变化，尽管这种发展还没有遍及全世界。

最初的航空运输几乎都是利用剩余的战时飞机来进行的。这些飞机都得到不同程度的改进，以适用于商业运输。所谓改进往往只是拆除枪炮和炸弹挂架。但是，也有些飞机装上了简单的密闭座舱，甚至还有少数几种型号（"汉德利·佩奇" 0/400 轰炸机）改装成合格的运输机（虽然噪声较大）。

飞行人员和地勤人员几乎全部是从军事飞行部队招收来的，实际上不需要经过业务训练。战时的旧飞机库和木棚用来作候机室。用于航空运输的早期飞机，多数都没有装备电台，没有航行管制系统，仅有的着陆辅助设备是鹅颈形燃油照明灯和风标台。

他们不仅缺乏经费和经验，所使用的飞机也不适用，而且还要同政府和公众对航空运输的漠不关心和不信任现象进行斗争。但是，最早的航空运输先驱者的工作是不应该小觑的。他们的工作极为出色，为今天世界性的航空运输系统奠定了基础。

民航早期的设施

欧洲是早期开辟航空运输的主要地区。主要的欧洲国家在第一次世界大战以后，很快都建立了航空公司。有些早期的航空公司主要从事国内或地区非常有限的空运业务，有些则开始建立大范围的欧洲航空运输网。一些航空公司，如英国的帝国航空公司、荷兰的荷兰航空公司，以及法国、比利时和意大利的航空公司，都建立了本国与海外领地之间的空中通信。

多数航班局限于昼间飞行，并且有许多航线在冬季停止营业。导航主要取决于飞行员对航线的了解和识图的能力。一些航线基本上是沿公路、铁路或显著地形地物建立的。为了帮助飞行员了解城镇的名称，往往在火车站的屋顶上用大型字母标写出来。

英国很早就开始在飞机上安装双向通信电台，并且很快就研制出了一种原始的航行管制系统和无线电定向装置。在空中交通量较小的情况下，碰撞的概率也较小。但是，在 1922 年，一架法国法尔芒"歌利亚"号飞机与一架英国 D. H. 18 飞机在法国北部上空迎面相撞。当时，气象条件不好，而且这两个飞行员又都是沿着公路的同一侧飞行的。

早期的定向系统是由三个地面站组成的。三个地面站同时测定一架飞机的电台发射方向，并报告指挥所，然后指挥所利用加重绳（用"坠子"加重）标示在地图上。这些细绳不都完全相交于同一点，而是形成一个小三角形。飞机的位置就在这个小三角形内。这种系统的精度为几英里，适用于低交通量运输和低速飞机；它在克罗伊登一直使用到 1939 年 ~ 1945 年的战争开始时为止。

原始电台和定向设备同飞行员的经验相结合，使各航空公司的准时性达到一个出人意料的高水平。不过，这些方法还不适用于大交通量的情况，并且不能提供在不良气象情况下大规模安全着陆的条件。仅仅是由于某些飞行员（突出的有 R. H. 麦金托什）特别善于参照隐约闪现的地标保持平直飞行并计时进场，因而才能在烟雾中着陆。

在 20 年代初期，对于安全而经济的航线飞行，有着迫切的要求。多数航空公司需要能够赚钱（至少是不大量赔钱）的经济可靠的飞机。故障主要发生在水冷式发动机及其笨重的散热器和易损坏的管路系统。往往由于发动机发生故障和气象不良而经常需要进行迫降。

德国的容克斯和荷兰的福克都在着手设计小型运输机：全金属结构的 F. 13 飞机，具有布质蒙皮、木质机翼和钢管机身结构的 F. Ⅱ 和 F. Ⅲ 飞机。这些型号的飞机都分别发展成一种先进飞机系列，包括福克 F. Ⅶ 系列，它们在世界许多地方的航空运输事业发展中起了主要的作用。随着一种合理可靠的气冷式发动机的应用，带来了一个大的突破。最成功的第一种气冷式发动机是布里斯托尔"朱庇特"发动机。只有当制造厂开始生产采用气冷式动力装置的多发飞机时，航空公司才第一次真正获得代价不高而飞行可靠的空运机会。

在欧洲漫长的冬季里，白天很短这个情况迫使各航空公司寻求夜间飞行的途径。这就导致建立有照明设施的航线，也就是在航线上每隔一段距离建立一个"灯塔"。同时，还导致发展机场照明设备：定位信标灯，跑道边界灯，障碍灯和泛光灯（在某些情况下，还有嵌入式灯）。这样，就可以在夜间和低能见度条件下，进行着陆引导。在德国和斯堪的纳维亚，由于有了照明设备，因而开辟了夜间邮政空运业务。

航空运输逐渐告别战时飞行的民用型而形成一种专业性的公共运输系统：采用舒适安全可靠的飞机，由穿着制服的机组人员驾驶，往返飞行于设有固定候机室、电台和照明设备的先进机场之间。

但是，发展是不平衡的。欧洲某些地区缺乏陆地机场，迫使一些航空公司采用船身式水上飞机和水下飞机，而且航空站设施也跟不上陆地机场的发展速度。

早期运输机为平均速度约 161 千米/时，速度 322 千米/时的班机，只是在第二次世界大战开始时才投入使用，而且是非常有限的。低速度意味着较短的航程需要较长的时间。伦敦至巴黎的飞行时间超过 2 小时，而飞越欧洲需要一整天或更多一点时间。因此，必须尽量降低发动机在座舱内产生的噪声，进行座舱加温，供应饮食，以便尽可能地使乘客感到舒适一些。

早在 1919 年 10 月，汉德利·佩奇运输公司就开始在飞机上供应午餐份饭，1922 年，戴姆勒航空公司开始雇用机上服务员。20 年代中期，帝国航空公司和法国联合航空公司首先雇用了随机乘务员，开始小卖部营业，接着又开始供应正规的膳食。在帝国航空公司 1931 年采用的汉德利·佩奇 42 型四发飞机和 1934 年采用的肖特"六头女妖"和"细管"飞机上，飞行中的服务工作达到了战前的最高峰。全航程中的午餐和晚餐都是在座舱内供应的。座舱内是舒适安静的，因为发动机装在左右机翼或上下翼之间，远离机身。多数早期的班机，发动机都装在机头，具有较大的噪声并产生很大的振动。

主要是在法国和德国，人们曾经几次试图在飞机上开设卧铺，但是至今仍未找到在欧洲的客机上正式开展卧铺业务的根据。在 1939 年以前的多数班机上，是不允许抽烟的，至少有一位旅客因坚持抽烟而被罚款。

所有机场的规模都在逐渐扩大，航站大楼设有售票厅、候机室和海关；几乎都有草坪着陆区。30 年代，开始出现了人工道面跑道。这种跑道在欧洲最早出现在阿姆斯特丹、斯德哥尔摩、奥斯陆和赫尔辛基，后来在美国也出现了。

人工道面跑道之所以成为必要，是因为飞机的重量增加。但是，在某种程度上，这种跑道将影响在不良气象条件下的飞行，在低能见度的条件下，在宽广的草坪上着陆要比对准一条窄跑道着陆容易些。

20～30 年代的一个特点，就是备有应急着陆场地，这在目前已经消失了。这些场地是沿航线设置的，而且是在飞机遇到发动机发生故障、能见度不好，或由于强逆风而燃料不够等情况时经常使用的。据说，当时一架从伦敦至巴黎的飞机曾经中途着陆 14 次。有时飞机要用 4 个多小时飞完这段 322 千米的航程，这是由于飞机遇到了逆风，而且巡航速度较低的缘故。甚至还据说，一架在伦敦至巴黎航线上飞行的"商船"号飞机，有一次竟被火车超过了。

必须记住，一架速度为 145 千米/时的飞机，在 97 千米/时的强逆风中飞行时，时速只有 48 千米/时，在这种情况下，一架续航时间为 4 小时的飞机，每飞行约 161 千米就要着陆加油一次。

尽管存在着飞机不适用，导航设备简陋和机场条件不好等问题，欧洲各航空公司还是建立起了一个广泛的舒适安全可靠的航空运输网。

帝国航空公司、荷兰航空公司、比利时航空事业公司以及法国许多航空公司，不得不发展可以飞越具有不同地形和气候地区的远程航空运输。这种远程飞行往往要占用旅客们几天的旅行时间，而且要多次停飞过夜——有的是在沙漠要塞或航空公司建造的休息室里过夜。在许多情况下，航空公司不得不在沙漠或丛林地带开辟自己的机场，条件往往是简陋的。多年来的远程空运一直是在类似于上述的条件下进行的。

必须记住，所有这些早期的航空运输都是使用非增压座舱的飞机来进行的。这就意味着飞行高度受到限制，因而要遭受欧洲最不利的气象条件的影响，而在东方和非洲的航线上，还要受到热带气流的严重影响。只有增压座舱出现之后，才给旅客创造了最舒适的条件。影响航空运输的另一个因素，就是所使用的飞机航程短——平均约 805～966 千米，这也就是要在沙漠和丛林地区建立偏僻机场的原因。对于人口发达地区之间的长距离来说，这种飞机简直是飞不过来的。

到 20 年代初期，开始出现现代应力蒙皮全金属多发单翼运输机。这种飞机还装有可以收放的起落架、襟翼、变距螺旋桨、自动驾驶仪和盲目飞行仪表。这就使航空运输发生了巨大的变化，从而使它同铁路、公路和水上运输一样，成为一种正规的运输方式。在同一时间，除冰和防冰设备也开始成为飞机的标准设备。

航空运输已经成为一种广泛使用比较安全的运输方式。在某些情况下，也是比较经济的。但是，在定期性方面，气象仍然是一个主要障碍。迫切需要解决在能见度低或云底高度低的条件下着陆的方法问题。德国对这个问题提出了许多设想，终于在 30 年代，有限地使用了洛伦茨波束引导着陆系统。这种系统逐渐发展成为现在广泛应用的仪表着陆系统。这种着陆系统与自动驾驶仪配合，可以实现自动着陆。

30 年代，美国已经研制出了一种导航系统。然而，欧洲在战前并没有采用。利用这种系统，飞机将沿着形成航路的波束通道，从一个无线电信标飞向另一个无线电信标。这种系统逐渐发展成现在的标准导航设备——无线电信标系统。

20～30 年代的航空公司，是一些只有不太适用的飞机和少数外部辅助设备的原始机构，这些航空公司利用了战时航空事业发展的有利条件，到 1945 年，便发展成为一种高度复杂的运输系统。但是，如果没有早期各航空公司不断摸索的成果，就不可能有现在这种庞大的航线系统。这种航线系统，在许多地区，已经成为主要的运输工具，例如，横越北大西洋的空中旅客比海上旅客一年要多几百万人。

活塞式发动机已经让位给燃气涡轮发动机，原始的无线电设备已经发展成为惯性导航系统，草坪机场已经发展成为具有混凝土跑道、仪表着陆系统和高级照明系统的大型机场，乘务员和售卖部已经被座舱服务组、丰富的膳食供应部和包括电影在内的空中文娱活动所取代。

今天的旅客可以在 12200 米的高度上，坐在温暖的增压座舱内看着电影，以 966 千米/时的速度旅行。他们很难想象早期旅客们的飞行条件。这是由于航空运输的发展，已经使他们从直接参与者变成纯粹的旁观者了。这种进步有好的一面，也有不足之处——飞行将再也不能使人们体会到 40 年前那种令人振奋的感受了。

现代民航班机的诞生

现代运输机可以说问世于 1933 年 2 月 8 日。这一天，波音公司一架全灰色的 247 原型机载着 10 名乘客，在华盛顿州的西雅图进行了首次试飞。波音 247 是一种悬臂式下单翼飞机，装有两台普拉特·惠特尼公司生产的 409.5 千瓦气冷星型发动机，发动机上带有整流罩。波音 247 为全金属结构，装有单垂尾和方向舵，主起落架为可收放式。

在波音 247 问世之前，世界各国航空公司所使用的客机可谓种类繁多，包括各种双翼机、上单翼和下单翼飞机。这些飞机多为木制结构，罩以蒙布，但也有一些为全金属结构。福克单翼机采用了金属机身结构，外罩蒙布，机翼为木制悬臂式，但起落架不能收起。容克斯单翼机为全金属结构，但承载的飞机蒙皮却是皱纹式的，起落架也同样不能收起。在美国，尽管福特公司的"三发"式运输机对发展航空运输作出了很大的贡献，但它采用的却是福克飞机的布局和容克斯飞机的结构。

因此说，波音 247 完全摆脱了旧时的束缚，它所代表的一代新型运输机是早期飞机所不能比拟的。该机的巡航速度为 250 千米/时，航程 780 千米，实用升限 5600 米。

当时环球航空公司急于购买波音 247，但波音公司不能按时交货，因此，环球航空公司希望设计一种新型飞机（设想装 3 台发动机）并提出指标，拟与波音 247 竞争。道格拉斯公司决定满足环球航空公司的要求，设计了 DC－1。该机的布局与波音 247 相似，但性能有所提高，更重要的是，其翼梁经地板上穿过，对客舱毫无影响。

1933 年 7 月 1 日，DC－1 首次飞行。1934 年 2 月交付环球航空公司使用，交付时，带有邮件的 DC－1 由洛杉矶飞往纽约，创造了 13 小时 4 分钟的飞行记录。环球航空公司后又定购了 28 架改进型 DC－2，该型号可载客 14 人，1934 年 7 月投入使用，是当时世界上最先进的客运飞机。DC－2 型飞机一开始就装有变距螺旋桨，从而大大地提高了该机的性能，其单发性能超过了以往任何一种双发飞机。

1934 年 10 月，一架荷兰皇家航空公司的 DC－2 参加了英国—澳大利亚航空比赛，并在"越野"组的比赛中获胜，它抵达墨尔本的时间只比速度竞赛的获胜者、专门设计的比赛飞机"彗星"晚几个小时。这次胜利，加之 DC－2 在美国航运服务中所显示的突出性能，使这种飞机赢得了一些国外订货。后来许多美国的主要航空公司以及欧洲、南美洲、澳大利亚和中国的航空公司也都使用了 DC－2。DC－2 共生产 220 架，其中有 160 架被作为班机使用。DC－2 装有莱特公司生产的 528.95 千瓦"旋风"式发动机，巡航速度 274 千米/时，航程 1915 千米。

继 DC－2 之后出现了有史以来最有影响的运输机——道格拉斯公司的 DC－3。这种飞机为发展和建立可靠的世界航空网、促进航空运输所做的贡献，是其他任何一种飞机所不能比拟的。随着航空运输业的繁荣，便出现了现代四发客机。

DC－3 是直接由 DC－2 发展而来的，尺寸较 DC－2 大。美国航空公司当时需要一种设有卧铺的客机，用于横越美国本土的航线。为了满足美国航空公司的要求，道格拉斯公司设计了 DC－3。当时美国航空公司用柯蒂斯公司的"秃鹰"双翼机作为卧铺客机，但事实证明，这种飞机不是波音 247 和道格拉斯 DC－2 的竞争对手。很明显，如果美国航空公司要吸引一定数量的乘客，就必须采购一种新飞机。

DC－2 由于机身狭窄而不能安装卧铺，但被称为 DST（道格拉斯卧铺机的缩写）的新设计型，却能为 14 名乘客提供卧铺。当白天使用时，其宽敞的机身可载 21 名乘客，与 DC－2 相比，载客量增加了 50%，而单价和使用费用只略有增加。

1935 年 12 月 17 日，原型机首次试飞；DST（卧铺型）和 DC－3（白天型）均投入生产。1936 年 6 月，美国航空公司在纽约—芝加哥航线上启用 DC

–3。同年9月，DST被用于横越美国本土的航线，其向西行的飞行时间为17$\frac{3}{4}$小时，东行为16小时。

DC–3和DST开始采用的是莱特公司745千瓦的"旋风"式发动机，但不久，DC–3系列便改用普拉特·惠特尼公司的"双黄蜂"式发动机作为主要动力装置。

截至日本袭击珍珠港为止，道格拉斯公司共制造DC–3飞机800余架，其中约450架（包括38架DST）已交付航空公司使用。战争期间曾大规模生产DC–3军用型，主要是C–47型和C–53型，英国皇家空军当时将这种飞机命名为"达科他"，现在很多人都用这个名字来称呼DC–3。前苏联专利生产了大量DC–3，最初代号是PS–84，后改称里–2；日本也生产了一些DC–3；在战争结束后的一段时间里，DC–3民用型曾一度恢复生产。关于该机的总产量，说法不一，约在11000架左右，也就是说，DC–3及其改型在数量上要大大超过其他任何一种运输机。

即使在战后，DC–3仍是美国的主要商用飞机。不仅世界上大多数国家的空军部队使用过DC–3，而且几乎所有的大型航空公司和许多小型航空公司也都使用过这种飞机。

DC–3几乎执行过各种民用和军用运输任务：它曾作为滑翔机的拖航机，有一架还被改为滑翔机；它曾使用过滑橇式起落架，还有一架是双浮筒水上

飞机；在越南战争中，它甚至作为武装飞机来执行攻击任务。

按照设计，DC－3 只有 21 个座位，但多年来一直布置 28 个座位，有些 DC－3 增加座位后可载客 36 人或更多。

已知有一架 DC－3 的飞行小时数已超过 84000 小时。当初 DC－3 所承担的绝大部分任务现在已由其他更新型的飞机来完成，但 M1 为研制一种全面替代 DC－3 的飞机，虽经多次努力，至今尚未成功。在该机问世 35 年后，一些空中运输任务仍只有 DC－3 才能完成。

DC－3 的典型巡航速度为 290 千米/时，航程为 2415 千米。

洛克希德公司设计的"空中快车"单翼机，"维加"上单翼机以及"奥里翁"单发下单翼机均获得了相当大的成功。其中一些"奥里翁"被航空公司作为班机使用——美国的瓦尼公司和欧洲的瑞士航空公司均使用这种飞机。这时，洛克希德公司决定制造一种双发、全金属结构的流线型下单翼飞机 L.10 "伊莱克特拉"。该机于 1934 年 2 月首次飞行，同年 8 月开始在西北航空公司使用。"伊莱克特拉"与波音 247 和道格拉斯 12－2 大致相似，但尺寸要小得多，所不同的是装有两个垂尾和方向舵。该机只能载 10 名乘客，但飞行速度要大于早期的波音 247 和 DC－2。"伊莱克特拉"共生产 148 架，大部分装有普拉特·惠特尼公司的"小黄蜂"发动机，许多国家的航空公司都曾使用过这种飞机。

洛克希德 14 型，又称"超伊莱克特拉"，是"伊莱克特拉"的后继机。这种"伊莱克特拉"的改进型尺寸较大，并具有几个重要的新特点，其中包括用于增加翼面积的富勒襟翼（使飞机的失速速度保持适当值时，机翼可承受更大的载荷），双速增压器和地板下货舱。1937 年 7 月 29 日，洛克希德 14 型首次飞行，并为航空公司所大量采用。英国航空公司拥有一批洛克希德 14 型，世界上其他几个国家的航空公司也使用了这种飞机。

1939 年 9 月 21 日，洛克希德 14 型的发展型 L.18 "北极星"首次飞行。该机载客 14 人，装有两台莱特公司生产的 149 千瓦 R－820 发动机。1940 年 3 月，内陆航空公司开始使用这种飞机。"北极星"共生产 600 余架，被广泛用于民航和军事运输。

以上几种洛克希德飞机的总产量约达 1000 架，它们为后来的 4 发"星座"和"超星座"系列飞机提供了宝贵的经验。

　　波音 247 和道格拉斯"商用飞机，"加上洛克希德"伊莱克特拉"系列飞机，为现代运输机奠定了基础，它们首先采用了光滑的承力金属蒙皮的悬臂式下单翼设计，可收放式起落架、襟翼、变距螺旋桨、机体除冰设备、自动驾驶仪、双套操纵系统和飞行仪表。后来的型号众多的 4 发单翼机，包括当今涡轮喷气式飞机的出现，都应归功于波音 247 和道格拉斯公司的双发飞机，这两种飞机在 35～40 年前就为航空运输机树立了新的标准。

民航机的舒适要求

最早期的许多飞机乘客都是坐在敞开的座舱内飞行的，由航空公司借给他们飞行服。因此，确实可以说，航空公司历来都在关心乘客的舒适问题。

如何保暖和减小噪音是早期飞行的主要问题。不久，人们开始利用发动机排气为座舱提供暖气，但研制低噪音座舱却用了许多年的时间。早期的飞机用蒙布作为舱壁，飞机内部的噪音几乎同外部一样大。在三发飞机中，造成噪音大、振动大的主要原因是中央发动机。随着飞机效能的提高，可以为隔音增加一些重量了，同时，隔音材料本身也在不断改进。

在最初的飞行中，通风并不成为问题，因为大部分飞机的机窗都可以拉开，一些容克斯公司的单翼机竟像火车一样，舷窗可用拉带拉开。速度提高后，不可能再用敞开式舷窗，飞机上出现了通风孔，这又提高了安全性，因为在一种英国飞机上，人们竟可以拉开舷窗，将手伸出触碰螺旋桨。至少有一种法国飞机在座舱内贴有注意事项："严禁向窗外扔东西"，以防给地面人员带来危险。由此看来，使用通风孔确实有不少好处。

在 20～30 年代，大多数飞机的座舱实际上是长方形的，舷窗在机身两侧，两排座位，有一个装小件行李的行李架，舱壁上一般有一幅地图，备有一两样器具，座舱下有呕吐盆。在座舱后部通常设有一个卫生间。

座椅的设计水平不高，当时主要考虑如何减轻重量。几乎所有的飞机上都没有地毯。多年来，容克斯公司的飞机是备有座椅安全带的唯一客机。

1931 年，帝国航空公司开始使用汉德利·佩奇公司的四发"大力神"和"汉尼拔"双翼机。飞机的舒适程度有很大改善。这两种飞机的座舱都装饰得很好，座椅柔软舒适，两对面对面的座椅中间有固定的桌子（它们可能是第一批通道两旁有并排座位的飞机）。前后座舱之间有两个卫生间和一个配餐室。欧洲航线的班机还有两位服务员，途中为乘客供餐。其四台发动机都装在机翼上，从而减少了噪音和震动。当然，用现在的标准来衡量，这种噪音和震动还是很大的。另外，座舱内还供有充足的暖气。

这些汉德利·佩奇飞机的标准，大大高于以前的飞机，但飞机配备服务员并非他们首创。早在第一次世界大战之前，一些德国的齐柏林飞艇就供应膳食；1922 年，戴姆勒航空公司的飞机就配有座舱服务员（不供膳食）；1927 年 5 月以后，帝国航空公司为飞伦敦至巴黎航线的"商船银翼"配了服务员；1928 年或 1929 年，航空联合公司在飞机上开设了餐厅。

在空运中最先雇用女服务员的国家是美国。1930 年 5 月 15 日，一些女服务员开始随波音航空运输公司的飞机飞行。她们都是护士出身，首先在三发的波音 80 双翼机上服务，飞旧金山至盐湖城至芝加哥航线。在欧洲，瑞士航空公司至少雇用了一名女服务员，荷兰皇家航空公司也雇用了一些，有事实证明，德国汉莎航空公司在某些航线上也雇用了一些姑娘，她们的任务之一是为乘客做秘书工作。

在第二次世界大战以前，机内一般不允许吸烟。但 1936 年德国汉莎航空

公司的亨克尔 HeⅢ飞机上设有一个四座位的吸烟舱，1938 年福克——沃尔夫公司的"秃鹰"飞机设有 9 座位的吸烟舱。帝国航空公司的"军旗"、陆基飞机（阿姆斯特朗—惠特沃斯公司制造）和肖特"C"级水上飞机的前舱内允许吸烟。

"C"级水上飞机体现了另外一大飞跃。它有 4 个隔舱，其中一个舱设有散步地板，乘客可在该舱逗留，观赏风景。隔舱很注意隔音，地毯的铺设和灯光照明也很讲究，座椅可向几个角度后仰。虽然这些水上飞机并非卧铺水上飞机，但它们通常都备有两个卧铺。

美国使用了一些卧铺飞机。在横越美国大陆的航线上使用了柯蒂斯公司的"秃鹰"双翼卧铺机。根据美国航空公司的要求，道格拉斯公司生产了著名的 DC－3，第一架 DC－3 命名为 DST，即"道格拉斯卧铺客机"。

英国、法国、德国，可能还有意大利都曾在飞机上安装卧铺，计划开展卧铺客运业务。但据知，在第二次世界大战爆发前，这些国家的航空公司没有进行过为时较长的卧铺客运。

如何在航空干线上保证乘客的舒适，大概是一个最难解决的问题。干线飞行一般长达一个星期或十天，地形复杂，气候多变，再加上当时的飞机巡航速度低，航程和续航力极为有限，又缺乏夜航设备，困难就更大了。

我们从帝国航空公司在非洲和印度航线上遇到的问题，以及为解决这些问题所采取的措施上，可以清楚地看到当时的情况。当时用的飞机，如德哈维兰公司的"大力士"陆基双翼机和肖特公司的"加尔各答"双翼飞船，每飞行 320～480 千米就需着陆加油一次。巡航速度只有 145～160 千米/时。在20～30 年代初，乘客每天只能飞 1125～1600 千米，即使这样短的距离，也意味着每天要在空中飞 7～10 小时，途中降落加油 3～4 次，又增加了三四个小时。因此，飞机很早便启程，往往要到日落才能结束一天的飞行。

由于航程有限，在很多情况下只得在偏远的地方停宿。这就需要建造客栈，内设卧室、浴室和餐厅。鉴于当时的世界局势，在有些地方只得将客栈设在有卫兵把守的堡垒内，例如在鲁特巴威尔、大马士革与巴格达之间的沙漠，以及阿曼半岛的沙迦便是这样的情况。

在沙漠上空，由于飞机不能达到空气凉爽、气流平稳的高度，因此，飞行格外艰难。遇到气候恶劣的地区自然也只得穿过，无法回避，因为飞机的续航力和巡航高度有限。

在这种航路上，旅途所带来的不便只能随着飞机速度、航程、升限和载荷的提高而逐步得以克服。

密封座舱是改善飞机舒适条件的最主要的手段。运输机采用密封座舱，可以提高飞行高度，避开沙漠湍流和许多气候恶劣的空域。当然，人们长期幻想的云上飞行，并没有像早期航空公司广告所说的那样完全得以实现。第二次世界大战开始时，许多密封运输机已处于设计和研制阶段，但唯一的一种"战前"密封客机是波音307"同温层客机"。环球航空公司和泛美航空公司订购了这种飞机，并于40年代中期投入航线使用。

战争使空运又恢复了简朴的面貌。虽然装活塞式发动机的飞机也有一些改进，如普遍采用密封舱，提高巡航速度和航程等，但重大的飞跃，还是要待到50年代涡轮螺旋桨和涡轮喷气发动机的出现。

第二次世界大战后的民航班机

随着第二次世界大战的结束，航线班机恢复了和平时期的正常业务及航线网，提供了必要的通讯联络，并着手发展商业航空，成为一种受欢迎的大型公共运输形式。

最初，德国、意大利和日本被禁止参加此类活动，但后来这些国家的民航公司的发展数目却几乎都达到了最高纪录。

在战争刚刚结束的阶段，使用最广泛的运输机是道格拉斯DC-3，投入使用的DC-3运输机中，很多是原军用型经过不同程度的改装而改制成的民用型。不久，在交通繁忙的较长航线上，又出现了两种杰出的飞机——道格拉斯DC-4和洛克希德"星座"。

DC-4的起源，可追溯至1935年中期五家美国民航公司提出研制的一种用于主干航线的四发动机飞机的要求。1938年6月曾研制出一架DC-4E原型机，但它很不成功，因此全盘设计又重新开始。重新设计的DC-4于1942年2月首飞，但由于战争，它被作为军用运输机投入使用，代号为C-54"空中霸王"。C-54共制造了1163架，战后又生产了79架纯民用型DC-4。1945年10月美国海外航空公司首先使用此种飞机飞越北大西洋，DC-4飞机以及"空中霸王"的改装飞机便在世界范围内开始飞民航业务。

DC-4是一种全金属下单翼飞机，装有单垂尾和方向舵、前三点式起落架和四台1080.25千瓦普拉特·惠特尼R-2000发动机。最初载客量为44人，但后来采用高密度布局后，载客量几乎翻了二番。巡航速度约为354千米/时，最大航程在6440千米以上。这种飞机虽然在发展航空运输的过程中起了重要作用，但它有一严重缺陷：不是密封舱式。

"星座"飞机虽然是根据1939年的规格要求设计并在1943年1月首飞

的，但它不仅是密封舱式，而且速度比 DC－4 快 100 英里/小时（160 千米/时）。正是由于"星座"飞机的这两点长处，使道格拉斯公司决定将 DC－4 发展为 DC－6 和 DC－7 系列。

"星座"飞机具有一种长 37.49 米的高效能机翼、优美的流线型机体和三垂尾及方向舵。与 DC－4 相同的是，它最初也是作为一种军用飞机（代号（2－69）投入使用的，投入民用是从 1946 年 2 月泛美航空公司将"星座"用于纽约—百慕大航线时开始的。很快这种飞机就准备承担航运业务。这种"康妮"（"星座"的昵称）飞机有许多型号，总共生产了 233 架，载客量从 44 座至 81 座不等。

为了与早期型"星座"飞机竞争，道格拉斯公司制造出装有 1788 千瓦马力的普拉特·惠特尼 R－2800 发动机的 DC－6 飞机。它最初装有 50 名乘客座椅，1946 年 4 月在美国航空公司和联合航空公司投入使用。该机共生产了 170 架以上，发展型有机身加长的 DC－6A 货运飞机和 DC－6B 客运飞机。

DC－6B 属于 DC－3 系列飞机，是世界上真正的大型运输机之一。它既安全、舒适又经济，于 1951 年 4 月被美国航空公司用于美国横跨大陆航线，原设计为 54 座式。道格拉斯总共生产了 288 架 DC－6B，其生产一直持续到 1958 年。

与此同时，洛克希德已将"星座"发展成"超星座"，这种新型飞机于 1951 年底在东方航空公司投入使用，被称作 L－1049。该机机身加长了 5.49 米，装用的是 2011.5 千瓦的"旋风"发动机。"超星座"飞机自其改进型 L－1049C 开始，采用 2533 千瓦的莱特"涡轮混合"式发动机。安装这种发动机的"超星座"生产总数为 600 架，最后两种型号是 L－1049G 客运型和 L－1049H 客运/货运型。此种飞机最初设有 66 个一等座位（当时为标准座位），而后来采用高密度布局，载客量竟达 102 人。

道格拉斯公司与"超星座"相应的飞机是 DC－7。这种飞机装有"涡轮混合"式发动机，具有 60～95 个座位，具备飞越美国大陆的直达运输业务能力。1953 年 11 月由美国航空公司采用，用于纽约—洛杉矶航线。在这条航线上，DC－7 由西向东飞行需 8 小时，由东向西飞行需 8 小时 45 分钟。DC－7B 的航程更长，而后来出现的 DC－7C"七海"飞机，又加大了翼展，能够直接飞越北大西洋，是一种可载 105 名乘客的特远航程飞机。DC－7C 飞机于 1956 年 6 月 1日被泛美航空公司用于北大西洋直达运输航线。道格拉斯共生产了 343 架 DC－7 系列飞机，此系列飞机是该公司最后一种活塞发动机航班飞机。

洛克希德公司的最后一种活塞发动机飞机是 L－1649A "班机明星"。这是一种进一步发展的"超星座"飞机，它装有一种 45.72 米长的全新的整体结构机翼。"班机明星"可载 99 名旅客，最大油量航程在 9660 千米以上。环球航空公司将其用于纽约—伦敦直达航线，投入使用的时间正好是 DC－7C飞机投入使用的周年。虽然"班机明星"是一种性能极好的飞机，但由于它出现太晚，仅售出 43 架。

道格拉斯公司和洛克希德公司的各种四发动机航班飞机包揽了世界大部分中、远程航运业务，一直到 1958～1960 年间大规模使用喷气式运输机时为止。英国海外航空公司和加拿大几家主要公司使用的加拿大飞机制造公司"四发"式飞机也起到了重要作用，这种飞机与密封舱式的 DC－4 基本相同，动力装置为罗尔斯至罗伊斯公司的"默林"液冷式发动机。

还应提到的是波音公司的四发"同温层巡航机"。该机是由"超级堡垒"轰炸机发展而来，是一种大型飞机（载客 55～100 名），下层机舱设有休息室。该机于 1949 年首先由泛美航空公司用于北大西洋航线，生产总数为 55 架。

正如道格拉斯公司和洛克希德公司的四发动机飞机对于成功地开展赢利的远程空运业务是至关重要的一样，双发动机的康维尔班机是短程空运的最重要的工具。此系列飞机中的第一种型号是康维尔 240，该机于 1948 年 6 月投入美国航空公司使用。它装有两台 1788 千瓦的普拉特·惠特尼 R－2800 发动机，机舱为密封式，载客 40 人。1952 年，机身加长且经过改进的 44 座康维尔 340 飞机投入使用，1956 年 2 月又采用了 56 座康维尔 440 "大都会"飞机。

康维尔飞机曾在全世界广泛使用，用于民用及军事用途的此类飞机生产数量超过了 1000 架，其中有 200 多架后来换装了涡轮螺旋桨发动机。

马丁 2－0－2 及 4－0－4 飞机与康维尔飞机虽然有些相似，但远不及康维尔飞机成功。42 座的 2－0－2 到 1947 年才在美国的西北航空公司和智利国家航空公司开始使用，4－0－4 飞机是在 1951 年 10 月投入使用的，主要用户是环球航空公司和东方航空公司。

法国生产的两种重要活塞发动机运输机在发展战后空运中起到了一定作用。这就是四发动机 33～44 座的"普罗旺斯方言"和双层机舱的布雷盖"双层"飞机，前者共生产了 100 架。法国航空公司拥有的"普罗旺斯方言"飞机最多，其他一些航空公司也有使用，如阿拉伯联合共和国航空公司、黎巴嫩航空公司、突尼斯航空公司和波兰航空公司。"双层"飞机于 1953 年 3 月被法国航空公司用于地中海航线。作为货运飞机，它在使用了一段时间以后，于 1971 年 3 月退出使用，该机共生产了 12 架。

萨伯"斯堪的亚"飞机也是值得一提的，这是瑞典的一种双发动机 24～36 座客运飞机，是在瑞典和荷兰生产的。"斯堪的亚"飞机于 1950 年在斯堪的纳维亚航空公司投入使用，在巴西也有使用。

英国战后最重要的两种装活塞发动机的陆基运输机是维克斯－阿姆斯特朗"海盗"飞机和"使节"飞机。"海盗"飞机大致相当于一架 DC－3，可载 21～36 名乘客，装有两台布里斯托尔"大力神"发动机，于 1946 年 9 月在英国欧洲航空公司首先使用。此型飞机在几年中是英国欧洲航空公司的主要力量，世界各地的其他许多公司也有使用。该机生产总数为 163 架。

造型优美的"使节"上单翼飞机，可载 47～55 名乘客，装有两台 2011.5 千瓦的布里斯托尔"森托若斯"发动机，它于 1952 年在英国欧洲航空公司开始使用时采用的是一个不平常的名字"伊丽莎白"。英国欧洲航空公司共有 20 架这种飞机，在 1958 年 7 月退役前共飞行了 4988966.4 千千米，运送了 2430000 位旅客。即使在此之后，"使节"飞机仍在许多独立的航空公司使用，有一架还曾被用来空运赛马。

1939－1945 年的欧洲战争在一个阳光明媚的 5 月里结束了。此时，有不少人首先考虑到的是要设法在此后的年月里继续从事飞行事业。他们中有许多人是在战争中学会飞行的，并在英国皇家空军或其他部队中服过役，因而对于他们来说，继续从事飞行是件很容易的事，只需签个继续担任军用飞机飞行员的"合同"。其中一些人则寄望于各个国际航空公司。由英国战前的帝国航空公司发展成的国营英国海外航空公司，显然是一个选择对象，因为它需要雇佣经验丰富的飞行员——正像其他航空公司在开始扩展时那样。1946 年，英国海外航空公司的姊妹公司——英国欧洲航空公司成立，从而为这些飞行员扩大了选择范围。

但是，许多年轻的飞行员在部队服役了五六年之后，对部队生活的种种限制实在感到难以忍受。同样，他们也无意加入国营航空公司。他们只想自己做老板，对自己的技术、经验和勇气满怀信心，于是纷纷成立起自己的公司。在战后最初阶段，许多人开办了航空公司或空运公司。虽然有不少人没有成功，但有相当数量的人坚持了下来，这些人的努力为建立今日国际空运这样大型的企业奠定了基础。

至少在英国，开办新的航空公司的情况是错综复杂的。对退役军人来说，开办航空公司并不需要大量的资金，而且他们也有的是办法和热情。在战后初期就有 70 来家小型航空公司注册。然而，成立新航空公司阻力很大，主要是先后建立的两个国营航空公司所带来的政治问题。这两个公司，由于是特定的涂有国旗标志的空运机构，所以在各方面必须得到保护，由政府为它们取得国际航线的使用权。

1939 年制定的"航空公司法"规定：在英国，一切国际空运活动都由国家掌管。这些规定大大挫伤了众多私营公司创建人的热情。因而，根据法律，私营公司的经营者们如想开办对欧洲的航空公司已完全不可能。1945 年，工党政府肯定并发展了这项法律，把所有航空公司都收归国有，而且在 1946 年8 月 1 日英国欧洲航空公司正式成立之时，由此公司接管了英国国内所有航线，以及英国海外航空公司的欧洲航线。

这段时间对空运业那些自由企业的经营者似乎是无望的，但对那些真正具有顽强意志的人来说，仍然有工作可做，可以找到继续从事空运业的途径。整个海外世界对航空业都已变得非常热心，而且只要价格公道，投入战后空运业的仍不乏其人。制造商们再次将他们的注意力转向生产专用于航线业务的飞机，使他们在长期以来持续生产能保证安全的飞机的基础上，又取得了可喜的发展。

此时出现的人物有杰克·琼斯少校，他建立了东盎格鲁飞行服务公司，后来由于创建了英吉利海峡航空公司而著称。其他出名人物还有：F. A. 弗莱迪·莱克尔，哈罗德·班伯格，埃里克·赖兰兹，空军准将鲍威尔，唐·埃弗拉尔，巴里·艾克曼。他们不仅想要飞行，而且想为热切需要空运事业的世界做点好事。哈罗德·班伯格就是这样一个典型人物。他年纪很轻（25岁），资金又少，但却做好了开始工作的准备。1948年4月，他创建了鹰航空有限公司。他的第一架飞机是用一架哈利法克斯轰炸机改装的，为使原先的炸弹舱加深加大，在机身下部还安装了一个货篮。

当年6月，英、美政府一反常态，突然对班伯格和当时的私营航空公司经营者们提出大幅度扩大空运业务的要求。因为当时驻德国的前苏联当局毫无正当理由地关闭了所有从德国西部地区通往位于东部地区的柏林的铁路、水路和公路，从而，除空中航线外，有效地切断了柏林与其他各区的交通。1945年，英国、美国、法国和前苏联签订了"四方协定"。根据这项协定，四国都可进出柏林，并规定了几条通往柏林的空中"走廊"，这四国中的任何一国都可从各自在德国的占领区飞抵柏林。空中"走廊"共有四条（一条通往华沙），每条宽32千米。

由于地面交通被切断，到达柏林只能通过空中，所以美国空军于1948年6月26日组建了一个法兰克福至柏林的空运机构。鉴于城市必须得到给养，人民需要吃饭和生活，英国皇家空军在6月28日也开设了一个由温斯托夫至柏林的货运机构。

英国成立的这个公司，后来被称作柏林空运公司，发展很迅速，成为当时几家主要的空运公司之一。英美各种尺寸、各种型号的飞机都曾通过法兰克福、汉堡和汉诺威空中"走廊"运送食品、煤、燃油、衣物、信件、重型机械和其他各种货物。空运货物中占比例最大的是煤和食物，煤占总空运量的55%，食物占26%。开始时，英国皇家空军准备向柏林每日空运750吨货物，但是，空运公司的能力后来变得很大，以至在1949年的"复活节"这一天，空运到柏林的各种货物竟达12940吨。到一年后空运公司结束时为止，用各种型号的飞机运进被围困的柏林市的货物达1952660吨。

柏林空运公司使用的飞机包括：普遍使用的DC-3，阿维罗"约克"，"黑斯廷斯"，C-54"空中霸王"，甚至还有"桑德兰"水上飞机。"桑德兰"飞机每次可载5.5吨的货物，在英国皇家空军和英国包租公司的阿奎拉航空公司均有使用，它的降落地点在哈弗尔河北岸的克拉尔兰克，其他"援救天使"还有哈罗德·班伯格的三架哈利法克斯 8 型飞机（另一名字叫作"霍尔顿"）和唐·贝内特少将的包机——顺利飞行公司的阿维罗"都德"飞机。"都德"飞机每次可载 10 吨货物，专用于空运燃油。

在柏林空运公司突然结束之时，虽然班伯格和唐·贝内特这些经营者们的经验都比以前更加丰富了，但却很难继续找到固定的工作。庆幸的是，条件在向好的方面发展，1949 年制定的"国内航空法"为英国的航空公司开办者们带来了转机。该法令规定，各独立航空公司可以作为国营的英国海外航空公司和英国欧洲航空公司的"联营公司"领取执照营业，因而许多私营公司的经营者们认为这种适度解冻是情况稍许好转的一个预兆：即使不允许独立航空公司的经营者们直接与国营公司在定时空运方面竞争，至少他们可得到经营的机会。

1952 年，这些"独立经营者们"的境况又进一步好转。新的保守党政府对 1949 年的法令做出了一个条件放得很宽的解释，它允许私营航空公司申请在英国海外航空公司和英国欧洲航空公司业务范围以外开展辅助性空运业务的执照。在过去的五年中，英国的私营航空公司大量增加，现在他们开始惹人注目了。一些出名的航空公司名字很快就为大家所熟知。鹰航空有限公司改名为鹰航空公司，而且哈罗德·班柏格用"约克"飞机和维克斯"海盗"飞机取代了他原先的飞机。

莫顿航空服务公司开始了布里斯托尔—海峡群岛的定期空运业务，坎布里安航空公司开始了加的夫—海峡群岛的空运业务。赛夫莱特航空公司开始经营曼彻斯特—马恩岛的空运业务，而空中航线公司开始经营伯恩默思—泽西岛的空运业务。曼克斯航空包机公司和兰开夏飞机公司也都进行了尝试。横贯航空公司也开始用它为数不多的阿维罗"安森"飞机在伦敦—巴黎航线上运送邮件和报纸。

阿奎拉航空公司定期、集中地用其水上飞机向马德拉和热那亚等地开展空运业务，后来又使用"海德"水上飞机对地中海地区卡普里岛等游览胜地开展空运。在空运业务中，最突出的要数银城航空公司自 1948 年 7 月 14 日开始的空运。银城航空公司是由一澳大利亚采矿集团在布罗肯希尔（即"银城"）建立的（1946 年），全部股份于 1948 年被空军准将 G. J. 鲍威尔和英国航空集团买下。该公司持有经营执照，使用向制造商租采的布里斯托尔"运输机"飞机，在世界上开创了空运轿车的业务，从林普尼飞往勒图盖，这是飞越海峡最方便的航线。该公司的定期航班在第二年总共空运了 2600 辆轿车和 7900 名乘客。从那时起，这种空运业务就逐年发展起来。由于它的成功，银城在此海岸的下部地区利德建起了自己的飞机场，并给它起了一个恰如其分的名字："渡口机场"。这个机场设有专用的车辆装卸设施，且铺设了一条跑道，这些条件在林普尼是没有的。另外，对于银城来说，自己拥有一个机场是有许多明显好处的。这家公司越办越强大，到 1957 年，银城对欧洲大陆空运了 230000 辆车辆和 612000 名旅客。

1956 年，在这一业务中出现了一个竞争者——弗莱迪·莱克尔的公司，即包机公司。该公司经营从英国南部至鹿特丹和奥斯坦德的空运，使用的飞机与银城公司的同型。包机公司经营的业务被称作"海峡空中桥梁"，而且也是从一开始就很成功。该公司后来并入了英国联合航空公司，其创建者及总经理弗莱迪·莱克尔离开英国联合航空公司，成立了自己的假日包机公司——莱克尔航空公司。

与此同时，其他公司也都在进行尝试，并且在空运业务的经营中取得了不同程度的成功，空运了各种各样的货物。丹航空服务公司于 1955 年在布莱克布什开业。卜克斯空运公司、德比航空公司、唐·埃弗拉尔航空公司和空中航线公司引进的飞机有 DC-3、"约克"和其他飞机，而空运公司（1928 年建立）与亨廷空运公司一起经营非洲到其他地区的货运业务。由亨廷空运公司发展成的亨廷—克兰空运公司，逐渐发展成一家专运牲畜的公司（特别是运猪）。它曾用"约克"飞机运输 15 头猪到维也纳和其他地区去繁殖。赛马、机械、飞机发动机和部件、鲜花、报纸、服装、动物园的动物、邮件、热带鱼、小汽车（包括赛车）和为陆军专门包运的军用物资，都是空运的。这虽然并不总是能赢利的，但可确信的是，这可使合同接踵而来。

为完成各种各样的业务而使用的飞机，在开始时都是些杂七杂八的型号，后来才逐渐发展成与他们承担的业务真正适应的飞机。最广为应用的 DC－3 飞机，是一种战后剩余飞机，载货量 3 吨，显然可飞往任何地区——而且常常是非它不可。它的后继机，即道格拉斯公司制造的 DC－6 飞机，在 1949 年才作为一种优质新飞机进入运输机行列。DC－6A 飞机于 1949 年 9 月首飞，是货运型，有效载重达 6350 千克，曾有一次，DC－6A 空运了一件 10430 千克重的挤压机，这是当时空运的最大件货物。

"哈利法克斯"飞机的民用型和最大有效载重为 2195 千克（或载 9 名乘客）的"兰开斯特人"飞机，用于和平时期的空运业务一直是很不经济的。然而有一些飞机比这两种飞机要强，如可载 7 吨货物的阿维罗"约克"飞机和布里斯托尔 170 型"运输机"，它可载三辆大轿车和 14 名乘客，为空运工作展示了新的一页。此种"运输机"飞机现仍在一些公司使用，如新西兰的安全航空有限公司，该公司有 11 架"运输机"飞库克海峡航线。

战后几年中使用的与时代很不相适应的飞机显然是英国欧洲航空公司的 O.H.89"特快"飞机和容克斯 Ju52/3M 飞机，当然这些飞机也做出了宝贵的贡献。英国欧洲航空公司曾有多达 45 架 D.H.89 飞机，而肖特兄弟和哈兰公司在贝尔法斯特为英国欧洲航空公司又修复了一批原德国 Ju52 飞机，并将这些飞机用于苏格兰和飞越爱尔兰海。这些 Ju52/3M"朱庇特"飞机的有效载荷为 1587 千克。

在战后最初的几年里，生产了相当数量的有趣的新型飞机，这些飞机中，有的寿命出人意料地长，也有的纯属昙花一现。前者中有布雷盖 763"双层"

飞机，这是种法国飞机，首飞时间是在 1949 年 2 月。该机尽管是一种相当大型的客货两用飞机，但在设计时布雷盖就认定：只有采用双层结构，才能获得所需的舱内地板面积。在生产第一架样机之后又生产了 3 架预生产型 763 飞机，其中一架的最大起飞重量达 45000 千克，甚至超过了最大起飞重量为 42184 千克的 DC－6 飞机，因而获得了适航证。布雷盖 763 "双层" 的最大起飞重量后来达到 51600 千克。阿尔及利亚航空公司采用了 763 型飞机，而且这种飞机到 1953 年仍然在法国注册，为银城航空公司在柏林——汉堡货运航线上飞行了 240 小时。1965 年，法国航空公司重新启用布雷盖 763 运输机，飞巴黎至伦敦航线，定名为 "通用" 运输机，1966 年 1 月又用该机飞巴黎—布里斯托尔航线。

著名的迈尔斯飞机公司在 1946～1948 年制造的 "空中货车" 和 "商船" 飞机，在当时也许不很出名，但还是很重要的。迈尔斯公司在战时曾为英皇家空军生产了数百架教练机。"空中货车" 是一种上单翼双发飞机，采用木质、金属混合结构，装有两台 "卷云长者" 发动机。它可载 9 名乘客和一辆小汽车，为使小汽车能直接驶入货舱，设有特种后装卸门。该机航程为 645 千米。

它的后继机迈尔斯 "商船" 比它还要大，是一种沿用同一基本设计的四发发展型，采用的发动机是 186.26 千瓦的 "吉卜赛女王" 发动机，可载 20 名乘客或 2 吨货物。整个后机身是一个流线型的舱门，可用铰链开启，此门与 "空中货车" 上的后舱门一样，也是用于装卸货物。"空中货车" 可用作货运飞机、空中救护飞机、手术室、流动车间、飞行教室、运马飞机或通用支线飞机，其最大航程为 1370 千米。

与 "空中货车" 一样，"商船" 的寿命很短，人们对它没什么特别的印象，但重要的是，这两种飞机对战后空运业的发展都做出了重大贡献，并且帮助那些有抱负的用户走上了空运业的道路。这两种飞机完全可作为后来飞机（如 60 年代的产品 "空中货车"）的开路先锋而载入史册。今天，英国欧洲航空公司又以 20 年前的开路先锋飞机的名字 "商船" 为它 "前卫" 运输机的改型飞机命名，从而使 "商船" 这个名字得到永生。

通用航空

　　人们一直认为，飞行世界几乎全部是由班机、战斗机和轰炸机以及少量的私人专有的轻型飞机构成的。其实不然，占大多数的飞机是从事统称为"通用航空"飞行的飞机。通用航空不仅包括用于消遣目的私人飞机飞行，而且还包括繁忙的商用飞机飞行；客运和货运包租班机飞行；测量和绘图；为庄稼喷洒农药和为土地播种与施肥；管路、森林和渔场巡逻；灭火；勘探矿藏；营救和救护；训练、比赛和其他形式的体育飞行；新闻、广播、广告和表演飞行；甚至也包括交通管制。自第一次世界大战结束以来，上述这些活动在规模上和范围上都增加了。到了50年代，从事通用航空的飞机约占全世界飞机总数的60%。到了70年代初期，因关闭了某些生产设备，用于此种用途的飞机的生产稍微减少了一些，生产一批新型的和改进型飞机的计划被搁置一边或被放弃了。但是，这种情况是暂时的。无论如何，通用航空在继续地迅速增长，自1965年起5年之内，世界上制造了53000多架通用飞机；1970年，将近有50万人（其中还不包括前苏联人）拥有私人驾驶执照。

　　在上面列举的通用航空飞机的一些主要用途的例子中，人们将用于娱乐飞行的私人飞机和商用飞机区别开来。尽管私人飞机拥有者经常将他们那些可爱的小飞机用于与工作有关的旅行，但是，私人用与专用是有一些区别的，后一种是由公司经营的或租借来的、供高级官员和重要人物使用的。

　　一般来说，商用飞机发展到现在这样高性能和高可靠性的水平是不足为奇的，至于它留给人们的印象之深，那就更不用提了。在提高飞机的性能和可靠性方面，美国对飞机进行了大量的专门设计工作和改进工作，但是，在商用飞机与私人飞机之间存在着非常类似的地方，特别是价格低廉的经济型飞机。在这类飞机中，最突出的可能是赛斯纳公司172型单发上单翼飞机，该机通常有 4 个座位。1955 年，此种型号飞机首次投放市场，到了 1968 年，销售量已超过 14000 架。这些飞机中，有 58% 是私用，16% 是商用，为公司所有（"企业飞行"，实际上，这在美国已相当闻名）；14% 用于训练；6% 为出租飞机或从事包租飞机；1% 被改装成特殊用途（特别是农业生产）的飞机。

现在供出售的私人飞机和专机多得使人难以区分。它们常被分类为"轻"型飞机，飞行重量为 454~2720 千克左右。最小的和最轻的飞机是单座飞机和双座飞机，包括家庭制造的飞机。现有的商用飞机有下列几种：如美国航空公司的"杨基"式飞机，瑞典的"安德列亚森"型飞机，英－法罗拉森飞机公司的飞机，原联邦德国的皮策尔体育飞机公司/福尔尼埃飞机公司的只有29.8 千瓦的动力滑翔机。产量最大的和用途最多的飞机是有 4 个座位，具有74.5~117.75 千瓦的动力装置，引人注目的比奇飞机公司的"步枪手"小飞机（这家美国飞机制造公司与赛斯纳飞机公司和派伯飞机公司一道，制造和出售了大量通用航空飞机），三种贝兰卡飞机，赛斯纳飞机公司的飞机，澳大利亚的"客中旅客"飞机（此种飞机也在英国销售），三种梅伯布公司的飞机，两种派伯飞机公司的飞机，法国的罗宾飞机（根据飞机的制造商命名），英－法罗拉森飞机公司的"秃鹰"飞机，两种法国轻型飞机公司的飞机，两种意大利的 SIAI－马歇蒂飞机，一种日本的富士飞机，另外，属于这个范围的飞机还有美国的瑟斯顿·蒂尔飞机。这是一种水陆两用的双座飞机，具有一个水上飞机的船身和可收起的起落架，发动机装在座舱的上面。

在具有 5 个座位和 111.75~156.45 千瓦动力装置的飞机中，最突出的有比奇飞机公司的"步枪手"飞机，使用更为广泛的是赛斯纳飞机公司的飞机，一种水陆两用的飞机——美国莱克飞机公司制造的设有 4 个座位的飞机，引人注目的"航空星漫游者"轻型专机，两种派伯飞机公司的飞机和三种罗宾飞·机公司的飞机，另外还有法国轻型飞机公司和瓦斯梅航空公司的其他型号的飞机，以及四种 SIAl－马歇蒂飞机。一种体积较大和成本较高的飞机，是具有 6 个座位和 156.45~223.5 千瓦动力装置的飞机，使人印象最深的、用得最多的是比奇飞机公司的飞机、赛斯纳飞机公司的飞机和派伯飞机公司的飞机，它们具有像它们的喷漆一样绚丽多彩的名字。黑利欧飞机公司的"信使"飞机和"超信使"飞机以短距起降著称；此外，还有三种 SIAl – 马歇蒂飞机公司的飞机和两种沃斯梅尔飞机公司的飞机。

最后，再来看一看那些快速而又豪华的装有两台发动机的飞机，这些飞机多为私人和生意兴隆的公司使用，主要有：比奇飞机公司的"男爵"飞机，赛斯纳飞机公司的"超级空中霸王"飞机、310Q 和装有涡轮装置的 310Q 飞机，黑利欧飞机公司的"双信使"和派伯飞机公司的"双康曼什"C 飞机、"阿兹台克"飞机和"涡轮阿兹台克"E 飞机。这些型号的飞机标志着飞机的等级已由私人级占优势的飞机过渡到专机占优势的飞机。这些飞机也同样表明，"涡轮"这个词，不是指涡轮螺旋桨发动机、涡轮喷气发动机或涡轮风扇发动机，而是指用于改善高空性能的装有涡轮增压器的活塞发动机。

特别复杂的动力装置是为大型和特别高级的商用飞机准备的，如英国的"喷气流"涡轮螺旋桨飞机和雷克·西德利 125 涡轮喷气式飞机，美国比奇飞机公司的"空中大王"和斯韦林根航空公司的"默林"涡轮螺旋桨式飞机。

装有推力更大的涡轮喷气发动机和涡轮风扇发动机的飞机有：赛斯纳飞机公司的"嘉奖"飞机，格鲁曼飞机公司的"湾流"Ⅱ飞机，盖茨·利尔杰特公司的飞机，洛克希德飞机公司的"喷气星"飞机，北美罗克韦尔公司"刀鞘"飞机，意大利皮亚吉奥至道格拉斯公司的 PD－808 飞机，法国宇航公司的"帆舰"飞机和达索公司的"神秘"／"猎鹰" 10 和 20 飞机。

上述现有的私人飞机和商用飞机至少开始使人们消除一种印象，即班机和军用飞机在航空领域是成绩卓著的。然而这种印象决不是完整的，因为新老班机和轰炸机已经转为商用飞机，而一大批过时的商用轻型飞机却留在私人手里，这种状况将长期继续下去，这就是飞机发展的特点。60 年代后期，在前面提到的萧条未产生影响之前，据公布，美国用于各种形式通用航空的飞机就有 300 多种，而班机的总数有 3000 多架。据统计，1970 年，用于通用航空的飞机约有 166000 架，在这些飞机中，装有单台发动机的有 141000 架，装有两台活塞发动机的有 19000 架，直升机有 4000 架。

私人飞机的飞行乐趣（不要忘记，北美水上飞机的飞行使这种乐趣大大增加）和专机带来的方便与舒适，这里是不必再着重叙述了。尽管可能存在着这样一种观点，即今天商业生意不仅仅受到空中交通的促进，而实际上是在空中旅行的过程中进行的。在较大的航线不能通航时，为商人服务的也不仅仅是专机，因为短程班机越来越多的使用新式和引人注目的专用型飞机，如比奇飞机公司的 99A 航班。这些短程班机在航空造福于社会方面做出了较大的贡献。包机飞行和租机飞行业务辅以多种多样的空中货物运输业务，这就要求和接收一些专用飞机以及采用一些老式飞机。当时有两种不同型号的飞机（两种飞机都对通用航空做出巨大贡献），一种是为货运任务专门设计的小型肖特"天空货车"，另一种是航空空间公司的"格皮"，该飞机一直是最惊人的航空飞机之一。人们满意地看到，虽然"格皮"飞机开始是为运送导弹部件而研制的，但该飞机也用于将客机的大型构件运送到总装地点。使人们感到诧异的是，在客运业务中，还没有出现新型飞机来取代"康维尔"或"布里斯托尔"这一类运输机。

随着航空交通的不断发展和愈来愈多样化，大量的空中拥挤便成了棘手的问题，因为每一种飞机都有它们的特殊要求。尽管在农业飞行方面的职业性危险丝毫没有减少，但从事通用航空的许多种飞机仍然在寂静的大地上得到了广泛的应用。这类飞行活动以及与此有关的其他飞行活动维持了世界人民的生活，并使他们富了起来。这些飞行活动从第一次世界大战一结束就开始了，起初是用于保护森林，接着便用于侦察海上鱼群。

1921～1922年，在俄亥俄州农业试验站用战争剩余下来的柯蒂斯"雌鸟"飞机进行了给农作物喷洒农药的试验，约到1925年，在路易斯安那州和邻近的几个州使用了大批为庄稼喷洒农药的专门飞机来控制棉桃上的象鼻虫。为了在经济上能够收益，今天用于农业的飞机（经常是农场主自己使用）采用了标准型飞机，尽管最初的专用飞机仍然存在。美国的阿格里瑙蒂克斯公司甚至普遍采用了的道格拉斯公司的达科他飞机，将公司的多种"空中喷撒装置"中的一种装在此种飞机上。

当照相机在工业、广播事业和新闻界获得广泛的应用时，人们把照相机装在飞机上，利用它来对地球表面的大片区域进行地图测绘，这种地图测绘工作是飞机的又一项任务。勘探矿藏使飞机对经济发展做出无法估量的贡献。除这些活动之外，有时候飞机还被用来为民间的工程师服务。世界上大的石油公司多半是空中运输机的最热心拥护者和用户，今天，直升机被视为近海石油站台必不可少的配套装备。实际上，当固定翼飞机得到广泛应用时，旋翼飞机已获得了民间用途。这种飞机不只是用在减轻损失方面，而且还用在诸如森林喷水灭火。它满足人们在社会服务方面对飞机越来越多的需要。

军事需求与航空工业

　　1903 年，当莱特兄弟首次完成载人动力飞行时，并没有多少人认为莱特兄弟此举有多大的实用价值。直到 1909 年 7 月 23 日，法国飞机设计师路易·布莱里奥驾机成功地飞越了英吉利海峡，才使一些国家的政府和军方认识到，用飞机从空中执行军事任务的可行性。正是从 1909 年起，欧洲的工业发达国家开始相继建立军事航空队，并建立起各自的专业航空科研机构，从此飞机的研制从航空爱好者的小作坊中走了出来，开始逐步形成生产各类飞机的独立产业，航空工业由此应运而生。

　　100 多年过去了，世界航空工业获得了当初莱特兄弟发明飞机时无法想象的惊人发展。

　　上世纪初，法国、德国、英国、意大利、前苏联、美国和日本等国是最早建立航空工业的国家。到 1914 年第一次世界大战开始时，欧洲的德国、法国、英国等国的作战飞机数量超过了 2000 架。第一次世界大战中，各参战国动用了大量轰炸机、侦察机、战斗机、攻击机和运输机，并发挥了显著作用。这推动了战时各国航空工业的迅猛发展。据统计，第一次世界大战期间，各参战国总共生产了各类飞机约 20 万架，生产的航空发动机约 23 万多台。第一次世界大战期间，欧美开始出现了一批有较大规模的航空工业制造企业。

　　第二次世界大战使世界航空工业又出现了空前的大发展，这是因为参战飞机种类增多，性能提高，使空军成为对战争全局有重要影响的军种。1939~1945 年，美国、英国、法国、苏联、德国、意大利、日本等参战国的飞机装备数量逐年增多。这些参战国的航空工业在战时迅速膨胀，一些生产民用车辆、机械设备、仪器仪表的民用产品制造企业都加入了飞机和发动机的生产行列，一些国家的航空工业在战时成为国内的最大工业。如 1944 年，美国和英国分别有 135 万人和 182 万人从事航空工业生产，年产飞机达 10 万架和 2.6 万架，航空工业产值跃居两国工业产值第一位。据统计，仅 1941～1944 年间，美国军用飞机总产量达 29.61 万架，英国达 10.26 万架，德国为 10.4 万架，前苏联为 11.07 万架。各参战国的飞机年产量在 1944 年约比战争初期的 1939 年提高了 8～10 倍。

第二次世界大战后，尽管军事订货减少了，但由于冷战开始，美国、苏联作为竞争对手展开了长达 40 年之久的全球性军备竞赛，使航空工业虽在产量上远不及战时，但在飞机质量上则不断地提高，航空科学技术以高速度发展。特别是第二次世界大战后出现了喷气推进技术，它带来了航空工业的新飞跃，以最能体现先进航空技术的综合体——喷气式飞机研制为主要内容的航空科学技术的竞争在美国、苏联两个超级大国之间展开了。由于飞机机体设计、喷气推进技术、航空电子技术、先进制造技术、高强度合金和复合材料技术等一系列技术上的突破，使得航空工业在高、精、尖发展方面迈开了大步。随着航空工业的发展，航空工业从业人员的结构也发生了重大变化，科技人员的比重明显增大。同时，军用飞机的种类不断增多。

从第二次世界大战结束至今，在朝鲜、中东地区、印度支那、南亚、马尔维纳斯群岛、海湾地区先后发生了一些局部战争，这些局部战争进一步推进了航空工业和航空科学技术的发展。美国、苏联、英国、法国等航空工业强国，通过这些局部战争试验了各自的航空武器装备，从而在新的起点上展开了技术上更高层次的竞争。现代局部战争的经验表明，空中力量的强弱已成为决定现代战争胜负的关键。人们记忆犹新的是，1991年初的海湾战争。以美国为首的多国部队调动4000架飞机，先是对伊拉克的军事目标进行了为期36天的轰炸，出动飞机总数近10万架次，使多国部队完全控制了战区的制空权。随后，在近距支援飞机和武装直升机的配合下，多国部队的地面部队仅用100小时就完全打垮了伊军的地面部队。海湾战争显示出了"空、天、电、磁、地一体战"新的作战模式，这对航空工业提出了更高的要求。

进入90年代后，由于苏联解体和冷战结束，全世界军用飞机的订货量骤然下降，但各国并未放松对航空科技的研发。在海湾战争结束仅3周后，美国政府公布的《国家关键技术报告》中，以显著地位把航空列为美国六大关键技术领域之一，进入了国家立项关键技术项目的行列，美国政府的这一举动是为了确保美国在跨世纪的军事实力竞争和世界巨大航空产品市场竞争中立于不败之地。美国现在的方针是要保持其空中力量，同时用高端技术打胜局部战争。为此，美国对军用飞机的发展提出了多研制新技术飞机，同时缩小生产规模的方针。

纵观世界航空工业数十年的发展不难看出，战争、军备竞赛和世界经济的增长刺激了航空工业发展。正是自50年代以来，美国和苏联在高性能战斗机发展方面的竞争，以及70年代以美国与西欧在商用喷气运输机方面的发展竞争，带动了航空工业和航空科学技术的全面发展。美国航空工业仍是当今世界规模最庞大的。1995年美国航空航天工业的从业人员为77.8万人，当年美国航空航天工业年销售额达1071亿美元，其中军用飞机和民用飞机的销售额分别为309亿和236亿美元。当年净收益45亿美元，在美国各制造业中名列前茅。苏联的航空工业多年来研制生产了一系列飞机，其航空工业从业人员超过100万人，有年产飞机2000架以上的生产能力。老牌航空强国英国和法国的航空工业仍在世界前列，特别是英国的垂直起落战斗机、法国的"幻影"系列战斗机，在世界上享有盛名。此外，德国、加拿大、意大利、瑞典、荷兰、日本、西班牙以及属于发展中国家的中国、波兰、捷克、印度、印尼、巴西、阿根廷等国家的航空工业也都有了相当的规模和水平，并都不同程度地在国际市场上占据了自己的份额。

近年来，随着东亚经济的蓬勃发展以及该地区加强军备的趋势，韩国、新加坡、马来西亚等国家和地区以及我国台湾地区的航空工业也有了较快的发展，并有可能经过十多年的努力进入航空工业列强的行列。世界航空工业的发展格局正在发生新的变化。

航空工业与社会进步

　　航空工业虽然在战争和军备竞赛刺激下得以发展，但在和平时期各国则把军用航空技术用于民用。飞机为人类提供了一种快速、方便、经济、安全、舒适的交通运输手段，国际航班已经代替远洋客轮，成为人们洲际往来的主要工具，密切了世界人民间的交往。国内航空客运在一些发达国家已经代替了铁路客运，大型喷气客机与通信卫星被认为是信息社会的两大重要支柱。

　　随着世界经济以及旅游业的发展，各国航空运输在运输结构中所占比例越来越大。空运业的发达与否已经成为衡量一个国家现代化（特别是交通现代化）与信息化的重要标志。到 1992 年底，全世界共有最大起飞重量 9 吨以上飞机的航空公司 1200 多家；使用中的商用航空客货运输机为 13790 架，其中喷气机 10750 架；有国际航线 1760 条；当年运输旅客 11.7 亿人次，运送货物 1700 万吨；世界各国经营定期航班的航空公司总收入为 2120 亿美元。当年新交付的喷气运输机共 786 架，涡桨支线飞机 201 架。

　　民用飞机除用于客、货运输的定期航线飞行外，还可用于工业、农业生产服务的飞行，出租飞机的飞行，通勤飞行，团体和个人的业务飞行，运动飞行和旅游飞行等，这类飞行统称为通用航空。全世界用于通用航空的飞机和直升机数量相当大，它们与用于航线作定期航班飞行的民用飞机的数量之比约为 9：1。其飞行小时约为定期航班飞行小时的 2 倍。

　　正是由于航空工业的直接产品——各类飞机、直升机在国民经济和社会发展中发挥了越来越重要的作用，使得航空工业由主要为军用服务转向军民结合型。民用飞机的产量和销售额在各国飞机总产量和总销售额中的比重也越来越大，一些发达国家的航空工业公司中，民用飞机制造业开始独立出来形成专业公司或分部，民用飞机产业逐步形成。

在用于国际和国内大城市间航线上的干线飞机制造方面，美国波音公司、麦道公司、欧洲空中客车公司垄断了世界市场，其中波音公司的产品占据每年世界市场50%～60%的份额。波音公司研制了波音707、727、737、747、757、767、777等干线飞机，载客量为108～500人，是全世界头号航空工业企业。麦道公司在承担大量军机制造的同时，生产了DC-9、DC-10、MD-80、MI-90和MD-11等，拥有109-350座的干线飞机。

欧洲空中客车工业公司是由欧洲的四大飞机公司——法国航宇公司、英国航宇公司、德国戴姆勒—奔驰航宇公司和西班牙CASA公司合资组建的，研制了A300、A310、A320、A330和A340等从150～450座的干线飞机。该公司在研制经费方面得到了各成员公司政府的资助，各成员公司既是股东又是分包商，"空中客车"的市场占有量现已位居世界第二。此外，俄罗斯在干线飞机上也较有实力，据统计，苏联生产的干线飞机到1990年初，大约有3400架仍在全世界使用，占世界干线飞机总数的26%，其中约1400架在国内使用。

支线飞机制造商远比干线飞机多得多，能研制生产19～100座级支线飞机的既有美国、俄罗斯、英国、法国、德国等"航空强国"，也有荷兰、加拿大、意大利、瑞典、西班牙、日本等航空工业比较发达的国家，还有中国、巴西、印尼、捷克等发展中国家，韩国和我国台湾地区也有意加入竞争行列。在70和80年代，30座级的支线飞机是发展热点，到90年代，70～100座级成为竞争重点。改用喷气发动机的高速支线飞机已经问世。支线飞机的制造在技术复杂性方面远低于干线客机，所以它成为各国进入国际飞机市场的起步点，使目前在这一领域的竞争十分激烈。

通用航空飞机的生产国家比较多，全世界产量约一半以上是由美国厂商生产的，这是因为美国本国的市场需求最大，如1979年美国一年就生产了1.7万架。苏联、法国、波兰、日本、巴西等国在通用航空飞机研制方面也颇有实力。从80年代至今，世界通用航空飞机的产量和销售额增长不大，主要原因是发达国家的需求量下降，所以生产商已把目光瞄准发展较快的发展中国家。直升机的生产销售曾在80年代初出现黄金时代，其原因是近海石油开发和各行业广泛采用直升机，后来由于石油供过于求和世界经济发展放慢，直升机的生产步伐也慢了下来。美国、法国、苏联、德国和意大利是直升机生产方面的强国。许多发展中国家则采用购买生产专利在本国组装轻型和中型直升机的方式。

航空工业的新格局

世界航空工业在很长时期内呈现以美苏对峙，分割东西方两大市场的局面，而这种局面逐渐被多极化的格局所代替。西欧各国在政府支持下，形成了一批极富竞争力的大型航空工业企业，而且在战斗机、干线飞机、直升机等方面欧洲国家的广泛合作，已使联合的欧洲在一些产品领域构成了与美国相抗争的实力。同时，日本航空工业正在迅速崛起，成为航空工业国际合作项目的主要参加者，俄罗斯航空工业具有技术和生产实力，目前需要政府扶持和机制调整，其竞争力也不可低估。亚太地区，特别是东亚地区航空工业的迅速发展是以其经济快速增长、市场广阔为坚强后盾的，它已使世界看到这一极的存在。

美国航空工业将在今后很长一段时间内仍处于超级强国的地位，这是其技术、市场、资金、工业实力所决定的。美国航空工业已开始了广泛的结构调整，已出现了洛克希德 – 马丁公司、诺斯罗普 – 格鲁曼公司等新的公司联盟。1997 年波音与麦道的合并，更加增强了美国在民用飞机市场领域的竞争实力。

由于经费、市场和技术等方面的需求，目前世界上大部分新的民用飞机是采取国际合作方式进行研制、生产和销售的，而且这种趋势已扩展到了军用飞机研制领域。应该说，20 多年来欧洲空中客车工业公司的成功使人们看到了国际合作的好处。目前，航空工业国际合作的方式通常有以下三种：（1）追求以对等的资格参与研制计划，分散研制风险和确保市场的合作研制方式；（2）为减少生产费用的国际转包方式；（3）降低一部分研制风险和减少经费的风险，以一家为主开发、吸收小合作伙伴，分享市场的方式。通常在先进国家之间采取第一种方式，而第二种和第三种方式一般主要用于先进国家与实力稍差的国家之间。

国际合作盛行带来的最大问题是对航空尖端技术输出的限制与反限制。

合作需要技术输出，而尖端技术又与各国航空工业在未来竞争中的地位息息相关。美国、日本、西欧以及与其他参与航空工业国际合作的国家围绕尖端技术输出方面的摩擦不断，而且这种摩擦将长久地存在下去。

研制现代飞机需要巨额研制资金和强大的技术实力，加上市场需求减少使企业间相互竞争加剧，在这种背景下，航空工业企业间的合并已是不可避免的了。从90年代开始，企业合并，甚至超国界的企业合并出现了高潮，集团化的新格局正在出现。美国航空工业企业原来规模就很大，后来又进一步合并，通用动力公司、格鲁曼公司、马丁－玛丽埃塔公司、罗克韦尔公司、威斯汀豪斯公司等昔日大企业已被并入其他公司。美国大公司的数量减少，而实力却在大大加强。欧洲航空工业在企业合并方面走得更快，德国、意大利等国家已形成了全国一个大公司的局面。欧洲还围绕一批重点产品组成了跨国的大企业集团。

超越国界的企业合并也日益增多，特别是欧洲国家间、北美与欧洲间的企业合并形成了新的企业巨人。如英国公司兼并了美国的艾利逊公司，提高了本公司在航空发动机研制领域的国际地位。

政府的扶持与保护

各国政府为保护航空工业的生存与发展都采取了各种各样的措施，这是因为航空工业是战略性高技术产业，很多国家把航空工业水平视作本国科技水平的一面镜子。

各国扶持航空工业的措施是多方面的，有资助企业、资助研制项目的，有鼓励出口的，有扶持企业和增强企业活力的，也有推行新的生产和管理方式、促进技术进步的。

在政府多种扶持和保护措施中，资金的支持最为重要，其方式主要是直接资助（包括资助研制费、提供补助金和无偿融资以及税收和金融方面的优惠）、间接资助（官方提供军用产品的研究与发展经费、把国有的物业和设备贷给航空企业使用等）。一般说来，西欧国家和广大发展中国家采用直接资助方式，美国则是采取间接资助。

1992 年 7 月，美、欧围绕限制对民用运输机资助问题的争议最终达成协议，其内容包括：（1）限制范围为 100 座以上的民用飞机；（2）禁止发放生产资助金；（3）研制资助金的上限为总研制费的 33%；（4）资助金于项目开始后 17 年以内还清；（5）限制间接资助金；（6）注入政府资金不包括规定以外的部分。美、欧已要求将这一协议推广至所有国家，形成多国民机产业资助的国际规定。为此，《世界民用飞机贸易协定》的 22 个缔约国和大约 10 个列席国也进行了协商。

尽管如此，各国政府为保护航空工业的优先发展地位，正在通过采取多方面新的扶持和保护政策，继续支持本国航空工业的发展。美国、英国、法国、德国、意大利、俄罗斯和加拿大等国政府或国会纷纷出台支持航空工业的计划和政策，从支持产品出口、帮助企业发展、提供研究与发展资金以及推进企业私有化、促进企业合并等多方面，进一步保护本国航空工业的发展。

航空工业的规模成本与效益

由于市场需求的减少，世界航空工业的总规模正在明显减小。特别是在美国、俄罗斯、英国、法国、德国等航空工业强国，航空工业的从业人员直线下降，企业数量减少，许多航空工业企业关闭了一些生产工厂和试验设施。航空工业外围的转包商数量也急剧减少。美国是世界航空工业的头号大国，其航空航天工业的从业人员已从 1989 年高峰时的 133 万减至 1995 年的 78 万。据统计，从 1990 年到 1993 年，世界航空航天工业从业人数已减少 17%，销售额减少约 10%。而间接从事航空工业转包生产的从业人员减少的幅度更大。

各国在缩小航空工业的规模时都十分注意通过降低生产成本，加强现代化管理来提高效益，而且大幅度裁员本身也有利于提高效益。许多航空工业公司在压缩规模时，都推行了以应用先进制造技术和现代化管理为主要内容，改革生产工艺和流程的新的工业工程方法，"精益求精"、"并行工程"、"适时生产"等新的方式正在被更多的航空工业企业所采用，并已取得了明显的效果。

信息技术和制造技术的高度结合也带动着航空工业的迅速发展，计算机集成制造（CIMS）技术被航空工业企业广泛采用，并在缩短研制生产周期，提高产品水平方面发挥了明显的作用。美国的波音系列新型客机的研制就实现了无纸设计。正如美国国家研究委员会等四家权威机构编写的《21 世纪的航空技术》报告中所描述的："最佳制造企业的发展应在以下四个方面取得进展：有熟练技能的人、智能计算机系统、自动生产设备和全适应控制的精确生产加工方法。"不难想象，随着高新技术和现代化管理方法的推广，航空工业作为高技术产业的优势将会更加突出。

航空工业军转民

由于世界性军费减少带来的军用飞机订货的减少，已使航空工业基本改变了以军机为主的局面。在80年代末，美国、法国、前联邦德国、英国等航空工业强国，军用飞机的销售额都占航空工业总销售额的70%左右，而到90年代中期都只能占到50%左右，而且军机占总销售额的比例还将继续下降，甚至有可能达到只占30%左右。

航空工业军转民的具体表现是：

（1）许多过去单一研制生产军机的企业转向军民机产品同时研制生产，特别是过去研制战斗机、轰炸机的企业也开展承担民用飞机的转包生产。

（2）在飞机研制生产方面，更多地考虑军民两用的通用性，军用飞机也可选装过去只用于民机的成品和元器件，甚至可以实现军用飞机和民用飞机混合生产线生产。

（3）重视开发军民两用技术，优先开发对国防和民用都有推动作用的技术，并注重对已实用化的先进军用或民用技术进行再投资，使之转化为新的技术。

（4）一些原来研制生产航空产品的企业利用航空优势，转产其他民用产品，在产业结构的调整中，这部分企业最终将不再被列入航空工业的范畴。

21世纪以来，世界航空工业正在大规模调整中继续向前发展。可以预言，今后加入航空工业行列的国家会更多，采取国际合作的项目会更多，规模更大、实力更强的大型航空工业企业会更多。而称霸世界航空产品市场的现象会更少，自我封闭发展先进飞机的项目会更少，零散的中小型航空工业企业会更少，这就是当今世界航空工业发展的大趋势。

航空运输的特点

　　为取酬而使用航空器从事定期和不定期飞行运送旅客、行李、货物和邮件的运输，又被称为公共航空运输或民用航空运输。可用于航空运输的航空器有气球、飞艇、飞机、直升机等。现代航空运输使用的航空器主要是飞机，其次是直升机。

　　使用飞机的航空运输始于20世纪20年代。第二次世界大战结束后，世界经济处于相对稳定发展阶段，喷气式运输机陆续问世，70年代宽体客机投入航线，从而使航空运输迅速发展。

　　中国的航空运输始于20世纪30年代。中华人民共和国成立后，1949年11月2日中共中央政治局做出决定："为管理民用航空，决定在人民革命军事委员会下设民用航空局"。以后，中国民用航空局改为国务院直属局。

航空运输是现代最新科学技术及成果的综合应用。它的主要特点：

1. 快速性

目前使用的涡轮螺旋桨和喷气式民用飞机的时速为 20 ~ 100 万米，连续航程可达 1 万多千米，是世界上最快的一种交通工具，它比海轮快 20 ~ 30 倍，比火车快 5 ~ 10 倍，比汽车快 7 ~ 15 倍。随着时代的进步，时间的价值也增大了。当代社会，乘坐飞机不再是什么享受和奢侈，而是工作和生活的必需。利用航空节省时间，所创造的社会价值是难以估量的。由于现代社会公众对航空运输的需求与日俱增，从而使航空运输的发展速度居所有运输方式之首。

2. 机动性

在两地之间只要有机场及必备的通信导航设施就可开辟航线，不受高山、大川、沙漠、海洋的阻隔。因此，运输距离相对其他交通运输方式要短，而且可依客货运量大小和流向变化及时调整航线和机型。无论因政治、军事或经济上的原因，要求从中央至边远地区在短期内建立交通线，只有航空才能办到。例如灾区的物资运输，穷乡僻壤的医药急救，近海油田的后勤支援，也非航空莫属。

3. 准军事性

由于航空运输所具有的快速性和机动性，以及民航所拥有的机场、空勤人员对军事交通运输的潜在作用，因而各国政府都视民航为准军事部门。一旦发生战争或紧急事件，军事部门可依据有关条例征用民用设施和人员，直至民航完全受军事部门的指挥。

4. 安全舒适性

喷气式运输机飞行高度一般为 1 万米左右，不受低空气流的影响，飞行平稳舒适。70 年代出现的宽体客机，客舱宽敞，噪声低，机内有娱乐餐饮设备，舒适程度又大有提高。统计表明，航空运输的安全性高于铁路、海运，更高于公路运输。随着航空技术的发展，以及维修技术和空中交通管制设施的改进，航空运输的安全性正在不断提高。据国际民航组织统计，世界民航定期班机失事，最高是每亿千米死亡 0.44 人，近年已降到 0.04 人。

5. 国际性

航空运输一开始就具有国际性的特点。随着世界航空运输相互依赖和合作关系的发展以及多国航空公司的建立，航空运输国际化的特点更加明显。国际化的目的是要使任何一位旅客、一吨货物或邮件，能够随时从世界上任何一地，方便、安全、经济、可靠地被运送到另一地，这是航空运输对国际交往和人类文明为其他运输方式不可替代的巨大贡献。

6. 运营成本高

飞机的载量一般只有几百千克或几吨，即使大型的宽体波音 747 飞机商务载重也仅 15 吨。同时，航空运输属资金和技术密集型行业，投资大，飞行支出也大。发展航空运输自身经济效益小，主要体现在社会效益上，即促进地区经济、贸易、旅游和文化交流的发展以及方便公众。由于航空运输运营成本高，因此客货邮运价贵，只适用于人员往来、急需运送的物资和时间性强的邮件、包裹等。

中国的航空运输企业

公共航空运输企业，是指以营利为目的，使用民用航空器运送旅客、行李、邮件或者货物的企业法人。

设立公共航空运输企业，应当向国务院民用航空主管部门申请领取经营许可证，并依法办理工商登记；未取得经营许可证的，工商行政管理部门不得办理工商登记。

公共航空运输企业设立的条件：

（一）实施公共航空运输企业经营许可，应当遵循以下基本原则：

1. 建立和完善统一、开放、竞争、有序的航空运输市场；

2. 符合国家航空运输发展和宏观调控政策；

3. 保障航空运输安全、提高运输服务质量和维护消费者合法权益；

4. 坚持公开、公平、公正的原则。

（二）设立公共航空运输企业应当具备下列条件：

1. 不少于3架购买或者租赁并且符合相关要求的民用航空器；

2. 负责企业全面经营管理的主要负责人应当具备公共航空运输企业管理能力，主管飞行、航空器维修和其他专业技术工作的负责人应当符合民用航空规章的相应要求，企业法定代表人为中国籍公民；

3. 具有符合民用航空规章要求的专业技术人员；

4. 不少于国务院规定的注册资本的最低限额；

5. 具有运营所需要的基地机场和其他固定经营场所及设备；

6. 民航总局规定的其他必要条件。

（三）外商投资设立公共航空运输企业，应当符合外商投资民用航空业规定所规定的投资比例及其他要求。

（四）具有下列情形之一的，民航总局不受理设立公共航空运输企业的申请：

    1. 不符合第（一）条第 1、2、3 项的规定；

    2. 湿租我国现有公共航空运输企业或者外国公共航空运输企业的民用航空器用以筹建公共航空运输企业；

    3. 民用机场、空中交通管理、航空器制造、航油供应、民航计算机信息等与公共航空运输企业有直接关联关系、可能影响航空运输市场公平竞争的企业或单位，单独设立或者违反规定参股设立公共航空运输企业；

    4. 不符合民航总局规定的其他条件。

    公共航空运输企业应当以保证飞行安全和航班正常，提供良好服务为准则，采取有效措施，提高运输服务质量。另外，公共航空运输企业应当教育和要求本企业职工严格履行职责，以文明礼貌、热情周到的服务态度，认真做好旅客和货物运输的各项服务工作。当旅客运输航班延误时，应当在机场内及时通告有关情况。

    公共航空运输企业申请经营定期航班运输（以下简称航班运输）的航线，

首都机场停机坪

暂停、终止经营航线，应当报经国务院民用航空主管部门批准。公共航空运输企业经营航班运输，应当公布班期时刻。

公共航空运输企业的营业收费项目，由国务院民用航空主管部门确定。国内航空运输的运价管理办法，由国务院民用航空主管部门会同国务院物价主管部门制定，报国务院批准后执行。

国际航空运输运价的制定按照中华人民共和国政府与外国政府签订的协定、协议的规定执行；没有协定、协议的，参照国际航空运输市场价格制定运价，报国务院民用航空主管部门批准后执行。

另外，公共航空运输企业从事不定期运输，应当经国务院民用航空主管部门批准，并不得影响航班运输的正常经营。公共航空运输企业应当依照国务院制定的公共航空运输安全保卫规定，制定安全保卫方案，并报国务院民用航空主管部门备案。公共航空运输企业不得运输法律、行政法规规定的禁运物品。

中国南方航空集团公司

中国南方航空集团公司成立于 2002 年 10 月 11 日，旗下中国南方航空股份有限公司是中国南方航空集团公司属下航空运输主业公司，总部设在广州，以蓝色垂直尾翼镶红色木棉花为公司标志。中国南方航空集团公司是由中国南方航空集团公司发起设立，以原中国南方航空公司为基础，联合中国北方航空公司、新疆航空公司重组而成的大型国有航空运输集团。它是国务院国资委直接管理的三大骨干航空集团之一，主营航空运输业务，兼营航空客货代理、飞机发动机维修、进出口贸易、金融理财、建设开发、传媒广告等相关产业。南航集团现有员工近 8 万人，运营总资产达 2000 多亿元人民币。2012 年，南航集团共完成旅客运输量 8646.96 万人次。2012 年 9 月 28 日，南航集团实现连续安全飞行 1000 万小时，获得中国民航首家飞行安全钻石奖。截至 2012 年 12 月 31 日，南航集团已实现连续安全飞行 1037 万小时，成为国内安全星级最高、安全业绩最好的航空公司。

1997 年，南航分别在纽约和香港同步上市，2003 年在国内成功上市。目前，南航集团拥有上市公司中国南方股份有限公司等 8 家成员单位。

中国南方航空股份有限公司有新疆、北方、北京、深圳、海南、黑龙江、吉林、大连、河南、湖北、湖南、广西、台湾、珠海直升机、西安 15 家分公司和厦门航空、汕头航空、贵州航空、珠海航空、重庆航空 5 家控股子公司；在上海和南阳设立基地，在成都、杭州、南京等地设有 22 个国内营业部，在新加坡、东京、首尔、阿姆斯特丹、巴黎、洛杉矶、悉尼、拉各斯、纽约、伦敦、温哥华、迪拜、布里斯班等地设有 59 个国外办事处。

中国南方航空股份有限公司是中国运输飞机最多、航线网络最发达、年客运量最大的航空公司。目前，南航经营包括波音 777、747、757、737，空客 380、330、321、320、319 在内的客货运输机 500 架，机队规模跃居亚洲第一、在 IATA 全球 240 个成员航空公司中排名第三。2011 年 10 月，世界最大的飞机空客 A380 加盟南航机队。航线网络以广州、北京为中心枢纽，密集覆盖国内 150 多个通航点，全面辐射亚洲 40 多个通航点，链接欧美和大洋洲的发达航线网络，航线数量 660 多条，每天有接近 2000 个航班穿梭于全球 35 个国家和地区，193 个目的地，投入市场的座位数可达 20 万个。通过与天合联盟成员密切合作，航线网络通达全球 1000 个目的地，连接 187 个国家和地区，到达全球各主要城市。

南航飞行实力出众，拥有 5260 名优秀的飞行人员，是国内唯——家拥有独立培养飞行员能力的航空公司，与全球知名飞行模拟器制造商 CAE 合资建立的飞行训练中心是亚洲规模最大的飞行训练中心；机务维修实力雄厚，保障体系完善，拥有获得国家科技进步二等奖的飞行运行控制系统（SOC），以及同获国家科技进步二等奖的发动机性能监控系统等国内航空业最为先进的 IT 系统。南航在国内首家推出电子客票，率先提供电子客票网上值机和手机值机等特色服务；引进开发了收益管理系统、运行控制系统、财务管理系统、人力资源系统、货运系统、办公自动化系统等广泛覆盖各流程的信息系统，信息化优势明显；建有年货邮吞吐量 80 万吨，总面积超过 28 万平方米的超级货站，以及年配餐能力超过 3000 万份的专业航空配餐中心。

中国南方航空股份有限公司禀承"顾客至上"的承诺，通过提供"可靠、准点、便捷"的优质服务，致力满足并超越客户的期望。南航在西安咸阳机场、乌鲁木齐地窝堡机场设有专用航站楼。"明珠"常旅客服务、地面头等舱公务舱贵宾室服务、南航中转服务、南航五星钻石服务热线——"95539"等多项服务在国内民航系统处于领先地位。公司先后被多家机构授予"中国最佳航空公司"荣誉。

2005 年 1 月，南航订购 5 架空客 A380 超大型飞机。2005 年 8 月，南航购买 10 架波音 787 - 8 型"梦想"飞机，成为中国购买此型号飞机最多的航空公司。2006 年，南航订购 6 架波音 777 货机，货运发展迈出全新步伐。

2007 年 1 月 1 日，南航正式启动"三网建设"——航线枢纽网络、市场

中国南方航空客机及空乘人员

营销网络和服务保障网络，开始了建设国际化规模网络型航空公司的战略转型。2007年11月15日，南航正式加入天合联盟，成为中国首家加入世界航空联盟组织的航空公司，标志着中国民航国际化进程迈出了重要一步。2008年10月28日，南航集团与辽宁省签订战略协议，筹资百亿参股辽宁机场集团，共同打造"21世纪东北亚航空枢纽"。2009年1月15日，南航台湾办事处在台北市成立，南航成为第一家获批在台湾省设立办事机构、第一家完成营业场所选定、第一家完成台湾省本地员工招募的大陆航空公司。2009年8月13日，中国南方航空公司台湾分公司在台北市成立，南航成为首批在台湾省取得营业执照并正式成立分公司的大陆企业。南航为推动大陆与台湾省运输业界合作，为促进两岸同胞的经济文化交流不断作出贡献。2010年1月20日，南航又与空中客车签订了购买20架A320系列飞机的协议，按目录价格计算，每架飞机7690万美元，交易总金额15.38亿美元（约合人民币105亿元）。该批飞机于2011年至2013年期间交付。同年3月，中国南方航空在上海及香港增发了价值107.5亿元人民币（约合15.7亿美元）的新股，用以支付未偿还贷款。12月，南航为子公司厦门航空引入新股东，并注资14.6亿元人民币，以期进一步提高厦门航空的经营管理水平和盈利能力。2011年1月25日，南航获Skytrax颁授"Skytrax四星级航空公司"证书，成为中国首个获评四星级的国有大型航空公司，也是目前营运规模最大的四星级航空公司；6月22日，又获颁"Skytrax 2011年度进步最大航空公司"奖项。同年南航先后新增奥克兰、第比利斯、温哥华等航点，其中广州-奥克兰航线为中国内地首条直飞新西兰的航线。而在中国-澳大利亚航线上，南航运力所占的份额比例已达52%，成为国内中澳航线的最大承运人。2011年10月15日中国南方航空公司在首都机场接收了第一架空客A380，成为中国首家、全球第七家运营空客A380飞机的航空公司。2013年6月2日，中国南方航空公司在广州新白云机场接收了中国第一架从西雅图艾弗雷特机场发出的波音787，这意味着南航是中国首家运营波音787飞机的航空公司。

中国东方航空集团公司

中国东方航空集团公司（以下简称"东航集团"）总部位于上海，是我国三大国有骨干航空运输集团之一。2002 年，以原东航集团公司为主体，在兼并原中国西北航空公司、联合原云南航空公司的基础上组建而成中国东方航空集团公司。

东航集团拥有大中型飞机 400 多架，截至 2012 年 9 月底，总资产为1321.58 亿元人民币。经过数年的调整优化和资源整合，东航集团已基本形成以民航客货运输服务为主，通用航空、航空食品、进出口、金融期货、传媒广告、旅游票务、机场投资等业务为辅的航空运输集成服务体系。

中国东方航空客机

东航集团是中国民航第一家在香港、纽约和上海三地上市的航空公司，1997年2月4日、5日及11月5日，中国东方航空股份有限公司分别在纽约证券交易所（NYSE：CEA）、香港联合交易所有限公司（港交所：00670）和上海证券交易所（上交所：600115）成功挂牌上市。是中国三大国有大型骨干航空企业之一。东航股份每年为全球7000万人次的旅客提供服务，旅客运输量位列全球第五。作为天合联盟成员，东航股份通过与联盟的衔接，构建了以上海为核心枢纽，通达世界187个国家、1000个目的地的航空运输网络。

2009年以来，东航集团以全新姿态迎来新的发展，荣膺"中国民航飞行安全五星奖"、荣登《财富》杂志"最具创新力中国公司25强"，被国际品牌机构WPP评为"中国最具价值品牌50强"，并排名靠前，连续三年累计赢利过百亿，净资产回报率位列央企前列。

东航在航空运输主营业务方面，实施"中枢网络运营"战略，建立以上海为中心、依托长江三角洲地区、连接全球市场、客货并重的航空运输网络。航线除了包括国内航线外，也经营从上海等地至国际各大城市的国际航线。拥有贯通中国东西部，连接亚洲、欧洲、澳洲和美洲的航线网络。构建"统一运营管理模式"，建立起与世界水平接近的飞行安全技术、空中和地面服务、机务维修、市场营销、运行控制等支柱性业务体系。东航机队主要的机型包括了空中客车A300、A320、A330、A340、波音737、波音767等。

2012年8月9日，东航召开企业文化理念品牌价值体系宣贯大会，正式发布了新版东航企业文化理念和品牌价值体系，这标志着东航企业文化建设和品牌建设取得了重要成果。东航文化基因源自于每一位员工日复一日的工作实践，东航的文化精髓蕴含着全体东航员工共同的智慧结晶。文化和品牌的建设绝不是一蹴而就的事情，需要全体东航人持之以恒，坚持不懈，逐步加强由上到下的传导，逐步实现由知向行的转变，逐步完成由内向外的传递，逐步形成由散到聚的合力，真正让源于实践、成于实践的企业文化理念融入实践、指导实践，成为引领东航腾飞的软实力。

目前，东航通航城市有：

境内

上海、赣州、阜阳、常州、北京、郑州、洛阳、大同、成都、长沙、三亚、福州、宝山、宁波、贵阳、桂林、哈尔滨、长春、呼和浩特、包头、济南、昆明、南昌、南京、无锡、徐州、大理、合肥、青岛、格尔木、广州、深圳、沈阳、天津、温州、西安、烟台、盐城、汕头、重庆、乌鲁木齐、武汉、海口、厦门、宜昌、长治、太原、恩施、南京、大连、台北、拉萨、邯郸、杭州、石家庄（正定机场）等地。

境外

巴黎、槟城、长崎、冲绳、大阪、大分、东京、法兰克福、福岛、福冈、釜山、冈山、光州、广岛、胡志明市、吉隆坡、济州、鹿儿岛、伦敦、洛杉矶、马德里、曼德勒、孟买、名古屋、莫斯科、墨尔本、曼谷、普吉、巴厘岛、清州、塞班、首尔、万象、温哥华、悉尼、新德里、新加坡、新潟、札幌、小松、松山、务安等地。

面对未来，东航集团正迈开创新转型的新步伐。努力实现由传统航空承运人向现代航空服务集成商的转型，致力于打造"员工热爱、顾客首选、股东满意、社会信任"的优秀企业，以精准、精致、精细的服务为全球旅客不断创造精彩体验。

中国航空集团公司

中国航空集团公司以中国国际航空公司为主体，联合中国航空总公司和中国西南航空公司组建而成，是中央直属的特大型国有航空运输集团公司，于2002年10月11日正式成立。其经营业务涵盖航空客运、航空货运及物流两大核心产业，涉及飞机维修、航空配餐、航空货站、地面服务、机场服务、航空传媒六大高相关产业，以及金融服务、航空旅游、工程建设、信息网络四大延伸服务产业。

中国航空集团公司的发展目标是建设具有国际竞争力的航空运输产业集团。目前，中国航空集团公司共有包括中国唯一载国旗航空公司——中国国际航空股份有限公司在内的直属企业7家，三级以上企业136家。集团已初步形成以核心产业为主导、以高相关产业和延伸产业为协同的综合性产业集团。截止到2011年底，员工总数6.8万人，总资产1833.2亿元人民币。

1. 中国国际航空股份有限公司

中国国际航空股份有限公司，简称"国航"，其前身中国国际航空公司成立于1988年。根据国务院批准通过的《民航体制改革方案》，2002年10月，中国国际航空公司联合中国航空总公司和中国西南航空公司，成立了中国航空集团公司，并以联合三方的航空运输资源为基础，组建新的中国国际航空公司。2004年9月30日，经国务院国有资产监督管理委员会批准，作为中国

中国国际航空公司航标

航空集团控股的航空运输主业公司，国航股份在北京正式成立。2004 年 12 月 15 日，中国国际航空股份有限公司在香港（股票代码 0753）和伦敦（交易代码 AIRC）成功上市。

中国国际航空股份有限公司品牌在世界品牌价值实验室（World Brand Value Lab）编制的 2010 年度《中国品牌 500 强》排行榜中排名第 36 位，品牌价值（2012 年）已达 618.85 亿元。

截至 2011 年 12 月 31 日，国航（含控股公司）共拥有以波音、空中客车为主的各型飞机 432 架，平均机龄 6.77 年；经营客运航线已达 282 条，其中国际航线 71 条，地区航线 14 条，国内航线 197 条，通航国家（地区）30 个，通航城市 143 个，其中国际 43 个，地区 4 个，国内 96 个；通过与星空联盟成员等航空公司的合作，将服务进一步拓展到 181 个国家的 1160 个目的地。

中国国际航空公司是中国唯一挂载国旗的航空公司。不仅提供国际、国内的客货运输服务，而且承担国家领导人出国访问的专机任务。中国国际航空公司拥有一支实力雄厚的飞行队伍，这支队伍技术精湛、经验丰富、训练有素。特别是飞行总队自 1955 年建立以来，一直保持着安全飞行的记录，被国际民航组织授予荣誉奖章；被国务院和民用航空局授予"全国安全飞行标兵单位"荣誉称号。

国航致力于为旅客提供放心、顺心、舒心、动心的"四心"服务，拥有中国历史最长的常旅客计划——"国航知音"。国航在中国民航业内首家推出了以"平躺式座椅"和"全流程尊贵服务"为核心内容的中远程国际航线两舱服务，为旅客提供尊贵、舒适、便捷的出行空间和全程服务。国航具有很强的国内国际联程运输能力和销售网络，拥有广泛的高品质客户群体，已经成为众多中国政府机构及公司商务客户首选的航空公司。2011 年 6 月 28 日，国航获得国际权威服务评级机构 Skytrax 的四星级认证，并于 2012 年 6 月 12 日荣获国际航协第 68 届年会暨全球航空运输峰会自助服务"便捷旅行"项目金奖。截止至 2011 年底，国航常旅客会员总数已达 1744 万人。

国航拥有一支业务技术精湛、作风严谨、服务良好的乘务员队伍。空中乘务队伍显示了国际化水准，日籍、韩籍、德籍乘务员陆续加盟，具有良好的职业素质和敬业精神，是旅客在蓝天上最好的朋友。他们持续推进让旅客"放心、顺心、舒心、动心"的"四心服务"工程，服务品质一直受到广大旅客的赞赏。国航的飞机拥有专业化、规范化的技术保障。国航下设工程技术分公司，总部设在北京，下辖成都、重庆、杭州、天津、呼和浩特、上海、贵阳、武汉、广州 9 个维修基地和 4 家关联企业，拥有 88 个国内维修站点和73 个国际维修站点，形成了辐射国内外的维修网络。

国航推行一体化运营，具有强大的运行控制能力。遍布全球的国航航班皆在运行组织指挥和协调中枢的控制之下，计算机飞行计划系统从飞机性能数据库、全球导航数据库、全球机场数据库和高空气象数据库中提取信息，优选航路，制定飞行计划，把握飞机性能，确认飞行资格，严格把关放行。国航自行研制开发了运行管理系统，集成了卫星电话系统、空地数据通讯系统和短波无线电系统等，成为国内第一家具有超远程监控能力的航空公司。

国航远景和定位是"具有国际知名度的航空公司"，其内涵是实现"竞争实力世界前列、发展能力持续增强、客户体验美好独特、相关利益稳步提升"的四大战略目标；企业精神强调"爱心服务世界、创新导航未来"，企业使命是"满足顾客需求，创造共有价值"；企业价值观是"服务至高境界、公众普遍认同"；服务理念是"放心、顺心、舒心、动心"。

　　国航具有很强的国内国际联程运输能力和销售网络，设在国内外的电话中心和99个营业部、162个售票处、近28000个销售代理人及28个国内外直销网站会为中外旅客提供周到的服务。

　　国航管理水平明显提升，实现2001年至2007年连续7年盈利，在中国民航居于领先地位，品牌价值不断扩大。2007至2011年国航连续五年入选世界品牌500强，成为中国民航唯一一家进入"世界品牌500强"的企业。2012年6月，国航被世界品牌实验室评为中国500最具价值品牌第24名，位列国内航空服务业第一名；2004至2008年国航连续五年在"旅客话民航"活动中

中国国际航空客机

分别获得"用户满意优质奖"、"用户满意优质服务金奖"等；国航品牌曾被英国《金融时报》和美国麦肯锡管理咨询公司联合评定为"中国十大世界级品牌"；在品牌中国总评榜系列评选活动中，荣膺"品牌中国华谱奖——中国年度25大典范品牌"称号；2011年12月，国航同时连续六年获得了"2011中国品牌年度大奖NO.1（航空）"，并获得一项特别奖——"2011中国文化品牌大奖"；在各类社会评选中多次获得"最佳中国航空公司""年度最佳航空公司奖"、"极度开拓奖"、"最佳企业公众形象奖"和"中国经济十大领军企业"等称号。

国航自觉履行社会责任，为国家和社会做出了贡献。国航领导班子曾多次被中组部、国资委党委评为："全国国有企业创建'四好班子'先进集体"。在2003年抗击"非典"疫情、2008年初抗击冰雪灾害、抗震救灾等工作中，国航不计得失、快速行动、组织运输、捐助灾区，力尽中央企业的职责。2008年10月8日，在人民大会堂举行全国抗震救灾总结表彰大会，国航西南分公司飞行部荣获中共中央、国务院、中央军委颁发的"全国抗震救灾英雄集体"荣誉称号。同时，国航出色完成了奥运会、残奥会的服务保障任务，创下中国民航史上诸多之最，2008年9月29日，党中央、国务院在人民大会堂隆重召开北京奥运会、残奥会总结表彰大会，国航被授予"北京奥运会、残奥会先进集体"荣誉称号。

2. 中翼航空投资有限公司

中翼航空投资有限公司是中国航空集团公司与香港中国航空（集团）有限公司在京设立的中外合资投资性公司，是经商务部批准、在国家工商总局登记注册的国内民航业第一家专门从事航空相关产业投资业务的公司。

2011年，公司直接投资航食企业4家，受托管理中国航空集团资产管理公司、中国航空资产经营有限公司、国航投资控股有限公司3家企业及其所属企业近10家。

2011 年，公司资产总额 18.27 亿元，完成配餐量 4534 万份，服务飞机 25.28 万架次。

3. 中航集团建设开发有限公司

中国航空集团建设开发有限公司是中国航空集团公司全资子公司，成立于 2003 年 7 月，2011 年 12 月经中国航空集团公司批准与原中国航空集团旅业公司重组，总资产 33 亿元。公司核心业务有基本建设、酒店业务、房地产业务、物业管理和资产租赁管理。公司努力实现五项业务的协同发展，通过多元化经营，努力打造集团跨地域物业管理品牌、打造集团基建和物业管理一体化的服务链条、打造集团航空主业的延伸服务产业。

4. 民航快递有限责任公司

民航快递有限责任公司成立于 1996 年，是中国航空集团旗下的综合物流公司及相关业务服务提供商。从 2001 年起，民航快递一直以 ISO9000 质量体

中国国际航空客机

系为标准，坚持以市场为导向，时效产品为龙头，计算机现代管理信息为手段，始终致力于行业物流解决方案的研发与推广，为高端快递客户提供全国物流解决方案，努力不懈地为广大客户提供稳定可靠的快递、物流服务产品。作为唯一入选中国 500 最具价值品牌排行榜的物流、快递企业，民航快递品牌连续 8 年荣获世界品牌实验室颁发的"中国 500 最具价值品牌"称号，至 2011 年底，品牌价值已达 30. 99 亿。

海南航空股份有限公司

海航集团有限公司于 2000 年 1 月经国家工商行政管理局批准组建，产业覆盖航空、实业、金融、旅游、物流和其他相关产业，公司法定代表人为陈峰。截至 2012 年 12 月 31 日，海航集团总资产近 3600 亿元，年度总收入逾 1200 亿元。

海南航空股份有限公司（简称"海南航空"、"海航"），是一家总部设在海南省海口市的中国第一家 A 股和 B 股同时上市的航空公司，是海航集团旗下航空公司之一，中国内地唯一一家 Skytrax 五星航空公司。海南航空是继中国国际航空公司、中国南方航空公司及中国东方航空公司后中国第四大的航空公司。

海航航空是海航集团旗下核心支柱产业集团，对旗下航空运输企业和航空相关企业实施产业管理，以航空运输企业群为主体拓展全球布局，以航空维修技术（MRO）、通用航空（航校）、商旅服务（销售）、地面支援、航空物流等配套产业为支持打通全产业链，通过金融投资和新兴业务带动，目标打造立足中国、面向全球、服务品质与企业规模均进入全球行业前列的大型国际航空集团。目前，海航航空总资产逾 1400 亿元，旗下航空公司机队规模300 余架，开通国内外航线 500 余条，通航城市 147 个，下辖成员企业包括：大新华航空、海南航空合并四家、香港航空及香港快运、天津航空、祥鹏航空、西部航空、扬子江快运、myCARGO、加纳 AWA 航空、法国蓝鹰航空、海航航空技术、海航航空销售、海南航空学校、海航货运、myTECHNIC 等。

海南航空是海航集团旗下一员，拥有波音 737、767 系列和空客 330、340 系列为主的年轻豪华机队。1993 年至今，海南航空在以海口为主基地的基础上，先后建立了北京、西安、太原、乌鲁木齐、广州、大连、深圳七个航空营运基地，航线网络遍布中国，覆盖亚洲，辐射欧洲、美洲、大洋州、非洲，开通了国内外航线近 500 条，通航城市近 90 个，开通北京＝柏林、布鲁塞尔、苏黎世、莫斯科、圣彼得堡、伊尔库茨克、西雅图、多伦多、釜山、普吉、曼谷、阿拉木图、马累，北京＝阿布扎比＝罗安达，满洲里＝赤塔、伊尔库茨克，北京、西安、大连、广州、海口、兰州＝台北，杭州＝曼谷、普吉，大连＝北京＝西雅图，大连＝合肥＝新加坡，海口＝新加坡，海口＝南宁＝曼谷，太原＝海口＝新加坡等多条国际及地区定期、包机航线。

自开航以来，海南航空连续安全运营 20 年，累计安全飞行 354.9 万小时，保持了良好安全记录。海南航空，多次夺取中国民航安全生产"金鹰杯"、"金鹏杯"，并于 2008 年获得中国民航总局颁发的"民航飞行安全二星奖"。海南航空航班正常率连续十多年在全民航名列前茅，服务赢得广大旅客和民航业界的一致认可，连续 10 年获得"旅客话民航"用户满意优质奖；2010 年被世界权威航空评级机构 Skytrax 评为中国内地

海南航空客机

首家、世界第七家五星航空公司之一，并于 2013 年连续三年蝉联 Skytrax 五星航空公司。

海南航空秉承"东方待客之道"，倡导"以客为尊"的服务理念。从满足客户深层次需求出发，创造全新飞行体验，关注每个细节，用心每分每秒，超越你的期待，立志成为中华民族的世界级航空企业和世界级航空品牌。

海南航空 2012 年全年累计实现经营性收 276.94 亿元。实现运输收入 250.84 亿元。年运输旅客 2327 万人次。截至目前，总资产超 900 亿，员工 1 万余人。

航点航线（截至 2013 年 5 月）

中国大陆及港澳台地区通航城市

地区 航空港

海南：海口、三亚

华北：北京、天津、唐山、济南、青岛、东营、潍坊、临沂、太原、运城、长治、呼和浩特、包头、鄂尔多斯、乌海

东北：沈阳、大连、锦州、长春、哈尔滨、齐齐哈尔、佳木斯、牡丹江、海拉尔、满洲里、通辽

西北：西安、延安、兰州、银川、西宁、乌鲁木齐、喀什、库尔勒、阿克苏

中南：郑州、武汉、宜昌、襄阳、长沙、南昌、广州、深圳、湛江、南宁、桂林、百色、福州、厦门

西南：重庆、成都、九寨沟、贵阳、昆明

华东：上海、南京、淮安、常州、扬州、杭州、宁波、温州、合肥、阜阳

台湾：台北

国际通航城市

地区 航空港

亚洲：新加坡、曼谷、普吉、马累、釜山、阿拉木图、阿布扎比

欧洲：布鲁塞尔、柏林、苏黎世、莫斯科、圣彼得堡、伊尔库茨克、赤塔

美洲：西雅图、多伦多

非洲：罗安达

航空运输业务

国内航空运输业务：旅客、行李、货物和邮件的出发、中途和到达站均在一个国家国境内的航空运输。国内航空运输主要在国内航线上进行，但如果国际航线中包含有国内航段，则在此国内航段上也可以从事国内航空运输。

国内航空运输按运输对象的不同，分为旅客、行李、货物和邮件运输。

1. 旅客国内航空运输

是指国内航线和国际航线中国内航段上的旅客运输。根据旅客人数和身份的不同可分为团体旅客、重要旅客和一般旅客运输。团体旅客是指旅行的目的地相同、在同一时间内搭乘同一航班的 15 人以上的团体。重要旅客是指具有一定身份并在保安和服务上需要给予特殊关照的旅客。团体和重要旅客以外的所有旅客在国内航线下的运输称一般旅客国内航空运输。

2. 行李国内航空运输

行李指旅客在旅行中为了穿着使用的方便而携带的物品。按运输的责任和管理的不同，分为交运行李、自理行李和手提行李。承运人已经填开了行李票并拴挂或粘贴了行李牌，由承运人负责照管和运输的行李，称为交运行李。持有不同类别和等级的成人或儿童客票的旅客，每人可以按规定免费交运一定重量的行李，超出规定重量的交运行李，应按规定运价交付逾重行李费后，方可予以承运；交运行李中经承运人同意，在运输过程中由旅客自行负责照管的行李，称为自理行李；经承运人同意，由旅客随身携带乘机的零星小件物品，称为手提行李。

为保障民用飞机和旅客生命财产的安全，各种枪支和警械、弹药和爆炸物品、易燃易爆物品、毒害品、氧化剂、腐蚀物品、放射性物品、具有异味、易污损飞机或行李、货物、邮件的物品及强磁性物品，均不能作为行李交运或携带。管制刀具以外的利器或钝器，不能作为手提行李随身携带。

3. 货物国内航空运输

按照其运输要求的不同，可分为押运货物、急件货物、特定条件货物和普通货物国内航空运输。押运货物指由于货物性质特殊，在航空运输过程中需要派专人照料和监护的货物。急件货物是指承运人同意托运人的要求，对其托运的货物以收到货物后最早的航班或最快的速度运出，或在最短的时限内运达目的地的货物。特定条件货物是指在航空运输过程中需要采取特殊措施、给予特殊照料和具备特殊条件时才能承运的货物，包括危险品、菌种毒种及生物制品、鲜活易腐物品、贵重物品和动物国内航空运输。上述各类货物以外的货物在国内航线上的运输称为普通货物国内航空运输。

4. 邮件国内航空运输

指邮件在国内航线上的运输。邮件是指邮局交给航空公司运输的邮政物件，包括信函、印刷品、包裹、报纸和杂志等。机要文件在国内航线上的运输也属邮件国内航空运输的一部分。交运机要文件的单位，每次都应派人押运。

国内航空运输按航班飞行任务性质的不同分为正班、加班和包机运输飞行。正班运输飞行又称班期飞行，指按照规定的航线、定机型、日期和时刻的运输飞行。它是航空公司运输经营的主要形式。加班飞行是指根据临时性的需要，在正班运输飞行以外增加的运输飞行。包机飞行是指由包机单位提出申请，经承运人同意并签订包机合同，包用航空公司的飞机，在固定或非固定航线上，按约定的起飞时间、航程、载运旅客、货物或者客货兼载的飞行。包机飞行一般是由于旅客身份重要、人数较多，或货物的性质特殊、数量较大；或任务紧迫，利用航班不能满足要求；或客货运输的起讫地点不在现有的航线上而采用的一种临时性的专用航空运输飞行。

包机飞行按其执行任务性质的不同分为：普通包机飞行，即载运一般旅客、货物、行李和邮件的包机飞行；专机飞行，即符合国家要求范围内的旅客包机飞行；急救包机飞行，即为抢救人员的生命或国家财产而承担的紧急包机飞行；支农包机飞行，即运送与农副业直接有关的物资的包机飞行；旅游包机飞行，即旅游部门因航班满足不了旅游团的座位或日程安排而采用的包机飞行。

5. 国际航空运输

利用民用飞机自本国载运旅客、货物、邮件至境外一点或多点的运输。国际航空运输依据国家政府间通航协定进行。为了使国际航空运输建立在双方权益均等的基础上，通航国家民航当局之间及被指定的空运企业之间，在经营所指定的航线前还要签订有关业务协议。

国际航空运输必须进行国际合作和协调。为了保证国际航行的安全，在技术规范、航行程序、操作规则上必须统一。为此，《芝加哥公约》对此制定了标准，统一了程序和规则。国际航空运输所涉及的一些法律问题，如责任赔偿、对第三者责任等，《华沙公约》和《罗马公约》等已作了统一规定。运输上的业务问题如运输凭证、载运条件、运价、航空公司间的联运及结算等，除通过双边协定解决外，还通过国际民航组织和地区性民航组织来进行磋商和协调。

中华人民共和国的国际航空运输始于 1950 年 7 月，中国和苏联合办的中苏民用航空公司开辟了以北京为始发点经沈阳至苏联赤塔，经乌兰巴托至苏联伊尔库茨克，经西安、乌鲁木齐至苏联阿拉木图三条国际航线（1955 年 1 月全部移交中国民用航空局经营）。至 1990 年底，中国民航已通航 26 个国家的 36 个城市。

6. 香港地区航空运输

指我国内地城市到香港地区的航空运输。由于历史的原因，中英两国政府在谈判两国政府间航空运输协定时，涉及香港问题。1979 年 11 月 1 日，中英双方正式签订《中华人民共和国政府和大不列颠及北爱尔兰联合王国政府民用航空运输协定》，即日生效。同年 7 月 26 日，双方签订关于中国民航飞香港和总部在香港、不飞伦敦的一家英国公司飞上海的协议。英国贸易大臣诺特在下院发表公开声明："中英两国间的航空协定是两国间的航空协议，港台航线是按照民间安排进行的航空往来。"此后，中英两国互相通航并由指定航空公司飞香港。

经多次商议，中英民航当局于 1990 年 3 月 2 日达成会谈纪要，中方同意国泰航空公司从北京、上海退出，在香港登记注册的港龙航空公司作为英方指定企业经营由香港至内地 7 个点的定期航班，英方同意中国民航 3 家企业由内地 8 个点飞行至香港地区的定期航班。至 1990 年底，中国民航的国际、东方、南方航空公司已飞行由北京、天津、大连、上海、杭州、广州、昆明、厦门至香港的定期航班。此外，还有西南、西北等航空公司飞行由成都、西安等地至香港的包机航线。

当时，对香港地区的航空运输，在操作上要视同国际航空运输，对该航线上民用飞机载运的旅客、货物、邮件都要办理联检单位的进出港手续。

民航小常识

1. 航班

飞机定期由始发站按照规定的航线起飞，经过经停站至终点站或直接到达终点站作运输生产飞行。在国际航线上飞行的航班称国际航班，在国内航线上飞行的航班称国内航班。为了便于组织运输生产，每个航班都按一定的规律编上航班号。中国国际航班的航班号是由执行该航班任务的航空公司的二字英语代码和三个阿拉伯数字组成。最后一个阿拉伯数字为单数者，表示去程航班；为双数者，表示回程航班。国内航班的航班号由执行航班任务的航空公司的二字英语代码和四个阿拉伯数字组成。其中第一个数字表示执行该航班任务的航空公司的数字代码，第二个数字表示该航班的终点站所属的管理局或航空公司所在地的数字代码，第三和第四个数字表示该航班的具体编号。第四个数字为单数或双数，亦分别表示该航班为去程或回程航班。

航班班次是指在单位时间（通常以一周为计算单位）内飞行的航班次数。

各航空公司的航线、航班及其班期和时刻等，按一定的秩序汇编成册，称为班期时刻表。它是航空运输企业组织日常运输生产的依据，也是航空公司向社会各界和世界各地用户介绍航班飞行情况的一种业务宣传资料。根据飞行季节的不同和客货流量、流向的客观规律性，有关业务部门每年编制两次班期时刻表，一次为夏季至秋季的班期时刻表，另一次为冬季至第二年春季的班期时刻表。

2. 航空客运服务

航空运输企业为给旅客创造安全、迅速、舒适和便利的旅行条件而提供的食、宿、行、用等方面的服务主要包括：（1）机上服务。主要内容有：迎送旅客服务，按规定提供餐食、供应品和业务宣传品服务，航空旅行小常识和航路名胜介绍服务，医疗服务等。（2）地面服务。主要内容有：市内售票处至机场的地面交通服务，购票资料（班期时刻表、运价表、航线图及旅客须知等）及动态服务，提拿行李及提供行李小推车服务，候机楼服务（广播、问询服务，贵宾室及头等舱旅客休息室服务，对伤、残、病号及孕妇的特殊服务，小件物品寄存服务和医疗服务）及航班飞行不正常时为旅客提供的各种服务。

3. 客票及行李票

客票，指承运人或航空运输销售代理人（以下简称销售代理人）根据旅客所填的订座单而填开的有价票证。客票和订座单一起构成承运人和旅客之间的航空运输合同。它是旅客乘机、交运行李和报销运费的凭证，也是承运人和销售代理人之间及航空公司内部进行财务结算和业务管理的票证。客票为记名式，由会计联、出票人联、乘机联和旅客联组成。会计联由航空公司的销售部门或销售代理人保存，作为内部业务处理的票证。出票人联由出票人留存。乘机联是旅客办理乘机手续的凭证，旅客必须出示具有乘机联和旅客联的客票方为有效客票。乘机联由承运人保存，是承运人和销售代理人之间进行财务结算的凭证。旅客联始终由旅客持有，是旅客报销运费的凭证。

客票按旅客的年龄及航程航班的多少等情况，分为婴儿票、儿童票、联程客票、来回程客票、定期客票及不定期客票等。

（1）婴儿票：年龄未满两周岁的人称婴儿，婴儿按客票价 10% 购买的客票称婴儿票。

（2）儿童票：年龄满两周岁但未满 12 周岁的人称儿童，儿童按客票价 50% 购买的客票称儿童票。

（3）联程客票：指由承运人或销售代理人填开给旅客的有二联以上（含二联）乘机联的客票。

（4）来回程客票：指由承运人或销售代理人填开给旅客的从出发站到到达站，再按原航程返回的客票。

（5）定期客票：指由承运人或销售代理人填开给旅客的指定航班和乘机日期的客票。

（6）不定期客票：指由承运人或销售代理人填开给旅客的未指定航班和乘机日期的客票。这种客票必须在使用前订妥座位，并应在规定的有效期内完成客票上列明的全部航程。

当旅客随身行李超过民航规定免费重量时，民航向旅客收取超重行李运费，并开具逾重行李票。免费行李由民航发给旅客领取凭证，到站时，旅客可凭证领取行李。

4. 航空货运单

由承运人或航空运输销售代理人填开给货物托运人的一种业务单据。它和货物托运人填写的货物托运单一起构成货物的运输凭证，也是承运人与货物托运人之间建立权利、义务关系的运输合同和计收货物运费的财务票证。

中国民航的航空货运单二式七联：第一联（浅蓝色）财务联，作为财务部门记账的凭证；第二联（浅绿色）托运人联，作为交货人报销的凭证；第三联（白色）到达站联，此联随货物运往目的站，收货人提取货物时在本联规定的位置上签字，是承运人与收货人交接货物的凭证；第四联（白色）第三承运人联，作为财务部门结算的凭证；第五联（白色）第二承运人联，作为财务部门结算的凭证；第六联（白色）第一承运人联，作为财务部门结算的凭证；第七联（浅黄色）存根联，与货物托运单一起作为销售部门备查。

5. 航空快递

是经营这项业务的航空公司、机场等有关业务部门或专门经营此项业务的航空货运代理公司，派专人用最快的速度在货主、航空公司（或航空货运代理公司）与用户之间运输和交接货物的业务。航空快递又称航空快件、航空快运或航空速递。办理快递的手续与普通航空货物运输相同，都必须向航空公司办理托运手续，并凭航空货运单作为交接货物的依据。航空快递业务的特点是：运输速度快捷、服务安全可靠、送交均有回音、查询快、有结果。这些特点是其他任何运输方式所不及的。

航空快递业务以商务文件、资料、小件样品和小件货物为主。办理航空快递业务的主要形式有三种：第一种形式是从机场到机场的快递服务。发货人在航班始发站将货交给航空公司，然后发货人通知目的地的收货人到机场取货。第二种形式是门到门（也常称"桌到桌"）的快递服务。发货人需要，发货时通知快递公司，快递公司立即派人到发货人的办公室取货，直接送交航空公司空运，然后通知目的地的快递公司或代理人，按时取货并按要求的时间将货送交收货人手中。送货后立即将货物交接时间及签收人姓名等情况通知发货人。第三种形式是由快递公司派人随机送货。

通用航空知识

利用航空器从事的非公共航空运输的民用航空活动，包括为工农业生产服务的作业飞行以及公务飞行、文化体育运动飞行、教学飞行、游乐游览飞行等。为工农业生产服务的作业飞行包括航空摄影、航空遥感、航空物探、航空吊挂吊装、石油航空、航空监测、航空护林、航空播种、人工降雨、航空化学处理等。过去，中国把这种为工农业生产服务的作业飞行统称为专业航空。公务飞行指为行政事务和商务活动服务的、自身需要的、不取酬的飞行活动。在欧美等工业发达国家，游乐游览飞行居通用航空之冠，1990年达2650万小时，占通用航空小时总数的57%。近年，随着我国人民生活水平的提高，航空游览也逐步开展起来，每年飞行约1000小时。国际民航组织各缔约国用于通用航空的飞机1990年33.7万架，其中固定翼飞机32.6万架，而美国拥有的固定翼飞机占总数的75%。中国1990年用于通用航空的飞机约400架，主要是固定翼运五型飞机。

上世纪90年代，中国专门从事通用航空业务的企业有：中国通用航空公司、中国飞龙专业航空公司等。

国务院于1986年颁布了关于开办通用航空企业审批权限的规定：凡申请者必须具备与通用航空要求相适应的条件——航空器经民航局检验合格，登记注册，领有适航证件；飞行人员、航空器维修人员、航行调度人员经民航局考试合格，领有执照；所使用的机场以及机务维修条件，能够保证正常飞行和作业。当上述条件符合后，凡从事或经营省际通用航空飞行或业务的，由民航局审查批准并发给通用航空许可证；凡从事或经营省、自治区、直辖市境内的通用航空飞行或业务的，由地区民航局审查批准发给通用航空许可证并报民航局备案。经营通用航空业务的企业，持通用航空许可证，按照《工商企业登记管理条例》规定，办理登记手续，领取营业执照，方可经营通用航空业务。

航空摄影

航空摄影指在航空器（飞机、直升机、无人驾驶飞机等）上安装航空摄影仪，按设计的航线，从空中对地球表面进行的摄影。主要用于测制各种比例尺的地形图，是航空摄影测量的第一道工序。

航空摄影依据飞行高度、使用航摄仪焦距和测图比例尺的不同，可分为大比例尺、中比例尺和小比例尺航空摄影。其特点是：能获得高分辨率的地表影像，适合于对被探测目标进行详细研究，在时间上和空间上有较大的灵活性，可根据需要随时调整飞行时间和区域；飞行速度快，可迅速获取大量的地表图像信息。

与传统测图方法相比，航空摄影测量通过室内精密测量仪器，对航摄像片进行地形描绘和地物判读，可大大减少艰苦的野外工作量，从而减轻劳动强度，提高工作效率和测图质量，缩短成图周期，降低生产成本，具有快速、精确、经济等优点。航摄像片资料也广泛用于农业、林业、地质、石油、水利、城市规划、环境保护、铁路与公路以及军事等各方面。

我国民航有专门从事航空摄影的飞行队。

航空遥感

航空摇感指通过从飞机和直升机上安装的遥感器收集地物目标的电磁辐射信息，以判读地球环境和资源状况。它是在航空摄影和判读的基础上随计算机技术的发展而逐步形成的综合性感测技术，广泛应用于资源考察、灾害调查、地图测绘及军事侦察等。

遥感系统由遥感器、遥感平台、图像处理设备等组成。遥感器装在遥感平台上，它可以是照相机、多光谱扫描仪、微波辐射计或合成孔径雷达等。图像处理设备是把获得的遥感图像信息进行处理以获取反映地物性质和状态的信息。判读和成图设备是把经过处理的图像信息提供给计算机分析或给判释人员进行直接判释，找出特征，与典型地物特征进行比较，以识别目标。

航空遥感按常用的电磁谱段不同分为可见光遥感、红外遥感、紫外遥感、多谱段遥感和微波遥感。

我国将航空遥感应用于资源调查、灾害调查，并取得良好效果。

航空物探

航空物探是航空地球物理勘探的简称，是使用装有专用探测仪器的飞机或直升机，通过从空中测量地球各种物理场（磁场、电磁场、重力场、放射性场等）的变化，了解地下地质情况和矿藏分布状况的飞行作业。

航空物探是第二次世界大战期间利用遥测、电子、航空技术发展起来的一种快速找矿和地质调查的先进方法。主要包括航空磁法、航空电法、航空放射性法、航空重力法等。航空物探作业飞行为低空（400~40米）沿地形起伏变化的飞行，飞行技术复杂，对飞行、领航技术要求高。

航空物探是在空中测量地球各种物理场，可排除地表物性不均匀性的干扰，不受地形（如沙漠、沼泽、森林、湖泊、海洋等）条件的限制；获得的资料完整；数据采集、记录均为电子计算机控制，便于室内后处理工作；可大面积代替地面物探工作，减轻劳动强度。它具有速度快、效率高、精度高和成本低的优点。

航空物探是中国地质勘探的重要方法之一，广泛用于各种金属、非金属矿产、石油、煤炭和核原料的勘探，以及区域构造和大地构造等方面的研究。

航空吊挂吊装

航空吊挂吊装指利用直升机作为起吊工具，吊挂、吊装物资、器材、仪器设备等，为各项建设工程服务的飞行作业。

根据直升机作业参与施工程序不同，可细分为航空吊挂和航空吊装。航空吊挂是利用直升机外挂装置，空中吊挂运输物资、器材设备。如森林集材、吊运钻头、吊运建筑器材等作业。航空吊装是将直升机作为施工机械来使用，进行施工中的起吊安装作业。如直升机组装铁塔、施放高压线导引绳、大跨度拉线过江等。

航空吊挂、吊装是技术性很强的作业，对飞行技术要求很高，是通用航空作业项目中技术最为复杂的项目。它利用直升机机动灵活的特点，在地形复杂、施工设备进出困难、施工场地狭小的地区施工，可以减少施工环节，提高效率，缩短施工周期，减轻劳动强度，节约原材料消耗，提高施工质量，保护自然环境，具有良好的社会经济效益。中国自上世纪 90 年代起已成功地把这一作业项目运用在国家重点工程施工中。如葛洲坝至上海 500 千伏输电线路建设，就利用直升机进行了组塔、放线和拉线过江施工。

石油航空

石油航空系以直升机为主工具，辅以小型固定翼飞机，为海洋和陆地石油、天然气资源勘探、开发和管理提供空中运输的作业。国际上亦称石油开发后勤支援。

根据飞行范围可分为海洋石油航空和陆地石油航空。海洋石油航空，是使用直升机担负海上石油平台、采油平台、后勤供应船平台与陆地之间的运输飞行。其主要任务是运送倒班职工，伤病员急救，急需器材、设备和地质资料的运输，台风前平台人员的紧急撤离，发生海难事故后的搜索、救援，海上平台的空中消防灭火等。其特点是：飞行区域离海岸较远，导航设备少；缺乏气象资料，天气变化不易掌握；着陆平台面积小，起飞、着陆困难；对飞行技术要求高。陆地石油航空，是使用直升机或小型固定翼飞机，为高原、高寒、山地、沙漠等人烟稀少、交通不便地区石油勘探、开发工作，提供飞行服务。其特点是：飞行区域自然条件恶劣，地标、导航点少，领航、飞行技术要求高。

石油航空是随石油能源勘探、开发的发展而产生的。它具有迅速、灵活、机动的优点。它已成为石油勘探、开发重要的后勤保证手段。中国在塔里木盆地和沿海海域的石油勘探开发过程中均利用了石油航空。

航空环境污染监测

航空环境污染监测按预先设计的区域和时间范围，使用装有专用仪器的飞机、直升机对环境指标和污染项目，进行空中观测的作业飞行。其目的是掌握主要污染背景值长期变化趋势，了解主要污染物在空气、水体和土壤中的分布规律和变化趋势。根据监测目标的不同，可分为航空大气污染监测、航空海洋污染监测和航空陆地污染监测。

航空环境污染监测的基本任务是从空中快速评价环境质量，为制定海洋、大气、陆地环境保护政策提供依据，为环境保护管理提供科学数据。航空环境污染监测是一项负有执法职能的作业。其优点是：可进行大区域宏观污染监测，收集污染数据快，受自然人为影响小。

中国设有对近海海洋污染监测的专门队伍，缩写为"中国海监"，其飞机也涂有该标志，参与对海洋污染调查与执法工作。

航空护林

航空护林使用飞机或直升机和专用仪器设备并配备专业人员，在林区实施林火消防以保护森林资源的作业飞行。它具有机动灵活快速高效等优点，是保护森林资源的强有力的措施。

中国的航空护林工作贯彻了"预防为主，积极消灭"的森林防火工作方针和"打早、打小、打了"的灭火原则。它的基本任务是巡逻报警、空降灭火、机降灭火、喷液灭火和空投物资等。

1. 巡逻报警

侦察和通报森林火情，即在防火期内，定期不定期地使用中小型飞机、直升机，沿着既定的航线巡逻飞行。依赖随机观察员的目视观测或借以机载探火仪器探测来发现火情，并通过无线电通信，迅速报告给森林防火指挥中心，以便及时组织扑灭。

2. 空降灭火

空降灭火用飞机空运专业灭火人员至火场上空，经跳伞降落地面，进行灭火。这种作业，通常是派灭火飞机执行，也可结合巡逻作业来进行，即专业灭火人员乘巡逻飞机飞行，发现火情立即改航直飞火场，跳伞降落地面进行灭火。由于空降技术难度大，加之培训人员耗资多，空降人员服役年限短，故此项作业在我国已不采用。

3. 机降灭火

机降灭火指用直升机将整编的灭火人员直接空运降落至火场附近，进行灭火的作业。它适合于扑打初发小火，具有机动灵活、快速高效、经济等优点，是最常用的、重要的森林灭火手段。但这种灭火方式，应具备两个基本条件：（1）拥有一定数量、性能良好的大、中型直升机；（2）拥有一支训练有素的专业灭火队伍。

4. 航空喷液灭火

航空喷液灭火使用航空器喷洒阻燃剂，进行直接消灭森林林火的作业。它是一项先进的灭火措施。适用于扑打中、小林火。航空喷液灭火，按使用的航空器和灭火剂种类的不同，可分为两类：（1）直升机喷水灭火，即采用多架直升机沿火场就近取水，进行连续轮番作业，将水快速投放到火场上，实施直接灭火。这类作业比较经济，因而比较容易推广应用。（2）喷洒化学药剂灭火。是用飞机、直升机喷洒高效化学灭火剂进行灭火。其作业方法有两种，其一，对初发生的小火场，则将化学灭火剂直接喷洒在火场上进行灭火；其二，对于较大的火场，采用直接喷洒化学灭火剂难以奏效时，则将化学灭火剂喷洒在主要火头前方未燃烧地段的植被上，设置一条宽型隔离带，以阻止火势的蔓延。但由于化学灭火剂价格昂贵，加之贮存技术尚未解决，故目前尚未大量推广应用。

5. 空投物资

空投物资在森林发生火灾时，地面交通中断，灭火救灾工作严重受阻的情况下，采取的救援性的应急措施。指的是使用飞机或直升机向火场或灾区，直接空运或空投灭火机具及有关器材、食品、药品、被服等各种灭火和救灾物资，以解决灭火和救灾之急需。

航空播种

航空播种使用航空器并安装播撒设备，将植物种子播撒在预定地段上的飞行作业。它是机械播种方法之一，具有适应范围广、效率高、成本低、效益好等特点，是发展林牧业生产的重要手段。

飞机播种，按其目的和播撒的植物种不同，可分为飞机播种造林、飞机播种草类种子、飞机播种农作物种子等。

1. 飞机播种造林。简称飞播造林，是使用飞机装载林木种子，在已经规划设计的造林地段（即播区）上空，沿着一定的航向，保持一定的航高和航速飞行，把种子播撒在宜林荒山、荒地、沙漠上，利用林木种子的天然更新的特性，依靠自然降水和适宜的温度，使种子生根、发芽、成苗，经过抚育管理，达到成林目的的一种造林方法。飞播造林即直播造林，须具备两个必要的基本条件：一是供飞播的树种须具有天然更新的特性，二是要有配套的技术措施，保证具备较好的成苗条件。飞播造林可根据不同的造林目的和经营方向，营造和培育各种用材林、水源林、水土保持林、防风固沙林等多林种的飞播林。在南方地区以飞播用材林和水源林居多，北方地区以飞播水土保持林和防风固沙林为主。

飞播造林有以下特点：（1）作业效率高、成本低。一架运五型飞机的日播种面积相当于一两个劳力的日工作量。每亩培育成林的成本费仅相当于一般人工直播造林成本的1/3～1/5，为工程造林的1/10。其中飞行费只占飞机播种成本的1/10左右。（2）机动灵活，活动范围广。能深入人烟稀少、交通不便的深山、大山、边远山区和沙漠腹地之中，取代人工造林。因此，飞播造林已成为加速国土整治、荒山绿化、培育后备森林资源，恢复生态平衡的重要手段。（3）粗放性。主要表现在三个方面：一是树种单一，播区选择粗放；二是播种密度和均匀度难以控制，导致林木分布不匀，降低了林区生产力；三是用种量大，浪费种子多。

2. 飞播草类。它同飞播造林一样，利用草种的自然繁生能力，采用飞机播种，达到培育新生草植被的目的。飞播草类，按经营目的和经营方向不同，分为一般飞播种草和飞播牧草两种类型。一般飞播种草，主要是作为一种绿化措施，即以建立绿色植被，发展生态草原为主要目的。在北方地区与飞播造林结合，采取草灌混交，成为治沙的重要措施。飞播牧草，则以培育优良牧草为主要目的，是发展优质高产牧草基地和改良劣质低产牧场的重要途径。其特点一是见效快，经济效益显著。在南方地区，一般在飞播后的一二年内即可收益，三年内，仅以割草和采集种子两项收入就可收回全部投资；北方地区，在飞播后的第二年开始收益，3年后则有盈利。二是能在短期内建立起绿草植被，发挥良好的生态效益。因此，飞播牧草也是一项整治国土的重要措施。

3. 飞播农作物。指按照农业技术设计要求，用飞机将农作物种子播到耕地上的飞行作业。主要用于播种水稻。飞播水稻作业，是高度机械化的水稻栽培作业。其技术要求高：（1）耕地条田化；（2）整地要平坦；（3）播种均匀，其落种变异系数不超过0.3，播种漏播率不超过5%；（4）管理技术要配套，整地和收割、脱粒均应采用机械化作业，除草施肥、防病治虫等生产环节，均应采用飞机作业。从而使水稻栽培作业，实现以飞机作业为主体的全盘机械化。飞机播种水稻作业，能大幅度提高劳动生产率，单位面积产量高，经济效益显著，宜于在大型国营农场应用。

航空喷施

航空喷施使用航空器并安装喷撒（洒）设备，将一定形态的物质，喷撒

（洒）在一定空间对象上的飞行作业。它是农业航空技术的主要内容，由4个要素构成：

1. 航空器。系实施喷洒作业的运载工具。目前世界上常使用的是飞机，其次是直升机。中国目前仅用飞机。农业飞机，按称载量可分为大、中、小、轻四种类型。大型的称载量在1000千克以上，中型的为600至1000千克，小型的为300至500千克，轻型的在300千克以下。

2. 喷撒设备。即喷施物料的专用工具。按用途分为两类：（1）喷施器。用来播种、喷粉及喷撒各种颗粒剂。（2）喷液设备。用来喷洒水剂和油剂。按其喷洒量不同，可分常量、低量、超低量三种，供航空化学处理作业选择使用。

3. 喷撒物。按其形态大体可分为两类：一类是干物料，如种子、粉剂及各种颗粒剂等。喷撒用的干物料应纯净、干燥，表面疏松，易于分散。另一类是液料，如化学农药、化肥、生长调节剂等配置而成的水剂和油剂。

4. 喷撒作业方式。它依据作业区（即作业地段）的条件，使用航空器的种类、喷撒物料的特点和用量，按照安全、保质、经济的原则来确定。生产中采用的飞行方式或方法，有以下几种：（1）单程式。即一架次喷撒一条喷撒带的作业。此种飞行方式适用于在喷撒量大、喷撒带长的作业区，进行航空播种作业。（2）复程式。一架次往返喷撒两条作业带的作业。它可以节约空飞时间，降低作业成本。适合于在地形比较简单、作业带较长的作业区进行航空播种作业。（3）穿梭式。一架次喷撒多条作业带，犹如穿梭般地作业。此种作业方式适合于在作业带短、面积比较小、地形较简单的作业区，进行航空播种、航空化学处理等多种作业，是主要的、应用最广泛的飞行方式。（4）重复作业法。即两次作业法，指的是将每架次的喷施量减半，在同一作业区内喷施两遍。此飞行方式，目前在飞播造林种草作业中试行。它的主要优点是，可以减少漏播，提高喷施均匀度，明显地提高作业质量。在航空播种作业中，颇有推广前途。

航空化学处理

根据农业技术设计要求，使用航空器对处理对象喷施各种化学药肥、毒饵的飞行作业。在中国，这类作业项目主要有农作物、森林、果树和草原植被病、虫鼠害的防治、根外追肥、人工降水等。

飞机化学防治作业具有机动迅速、防治适时、效率高、效果好、成本低等特点，能有效地控制虫灾的扩大、病害的蔓延和鼠害的危害，对减少粮食、林木、牧草损失，防止疫病流行起到重要作用。特别是对迁移性飞蝗、暴食性粘虫、突发性草地螟、毁灭性松毛虫及牧草鼠类等灾害性的农林牧业害虫和鼠类的防治成绩突出。此类作业，在中国已广泛应用于各省、区、市的商品粮生产基地和畜牧业基地及林区，防治对象多达80余种。

飞机化学除草是根据农业技术设计要求采用飞机喷洒化学除草剂进行除草，是机械化化学除草方法之一。它是利用植物种或属间生理、生化或形态上的不同特性和特征喷洒。选择性、触杀性除草剂或土壤处理剂等，来达到防除杂草、保护栽培植物的目的。其主要优点是能适时作业，不误农时、除草彻底、不压庄稼、成本低、经济效益好，与施肥、除草、治虫结合进行，可以起到一次作业多种效果的作用。飞机化学除草作业，可在播种后的苗期进行，这称之为苗期除草；也可在播种之前或播后、出苗之前进行，这称之为苗前除草。在生产中，普遍采用的是苗期除草。由于化学除草剂对某些单子叶植物和双子叶植物等具有强杀伤作用，故此项作业，适宜于在作物布局比较单一，耕地规划整齐的广大垦区内进行。在实施作业时，必须谨防发生药害。

根外追肥是根据农业技术设计要求，用飞机将肥料或生长调节素喷洒到植物地上部分，由茎叶部吸收利用的一种施肥方法。它是依赖植物叶部孔道同外部进行物质交换的生理机能和叶细胞的内渗力的作用来实现的。它的主要特点是，肥料不经土壤根系吸收，而径直渗入叶部，能够及时满足农作物在生产旺期、地面农机具不便进入田间作业时，对营养物质的需要。肥料不为土壤固定，肥效发挥快、范围广、喷洒均匀、节省肥料、减少用工、不伤庄稼，更能适应农时的需要。此项作业，可应用于小麦、水稻、大豆、玉米、谷子、高粱等粮食作物。在经济作物油茶、棉花、甘蔗、甜菜及果树上，也时有应用。

飞机人工降水是在云中降水条件不足情况下，用飞机向云层中喷施催化剂，促进降水的一种方法。它需具备两个基本条件：一是天空中须有旺盛的浓积云系或有深厚层状云系；二是有催化剂的凝聚作用。常用的催化剂有干冰盐粉、碘化银、尿素等。人工降水就是依靠催化剂的凝聚核作用，加大云中水滴直径，在云层气流发生强烈对流作用下，迅速形成雨和雪。用于人工降水作业的飞机，应有良好的高空飞行性能，实用升限应达到 4000 米以上，须有气象雷达和供氧设备。这项作业多用于农业抗旱，也有用来增加发电站水库蓄水量，把抗旱和发电结合起来效果比较明显。

航空体育运动

利用航空器在空中进行体育活动，它包括运动员升空的飞行表演竞赛以及航空模型活动，一般分为飞行运动、滑翔运动、跳伞运动、热气球运动和航空模型运动等，是通用航空的一部分。

飞机飞行运动指带动力的飞机的飞行运动。流行的运动项目有竞速飞行、特技飞行、自制飞机飞行和旋翼机飞行等。滑翔运动指初级滑翔机和高级滑翔机的翱翔飞行。

跳伞运动指从各种航空器上的跳伞、地面跳伞塔跳伞等。航空模型指一种不载人的、重于空气的小型航空器，它既是一项科技性强的体育航空，同时又是一种航空科学研究的试验工具。

热气球运动指利用现代热气球进行的升空、定点着陆等运动。同时，热气球能用于空中拍照、宣传广告等经济活动。

第二章

飞机纵览

协和式飞机

现在的喷气式飞机看上去几乎都一样——装在吊舱内的发动机、薄薄的后掠翼和卵圆形的机身。但是，在一些大型的机场（伦敦、纽约和巴黎等），有时也会看见（和听见）一种不同寻常的飞机，它的机翼呈优美的三角形，机头前端可以抛落，着陆时的声音很大。"嗨！那是一架协和！"这话说对了。然而，这种情况已成为过去。

协和式飞机是世界上惟一的超音速运输机（SST）。它是一种四引擎的窄体飞机，由法国航空航天公司和英国飞机联合公司（简称 BAC，现为 BAE 系统）设计和生产。

SST 于 1955 年开始研制。英法两国政府同意在 1962 年所签协议基础上共同努力，完成这项工作。1969 年 3 月第一架试验飞机试飞，1976 年 1 月开始投入使用。

在此期间，一项竞争性的美国 SST 计划取消，俄罗斯则开发出了图－144 型 SST，现已退出服务。英法联队原来预计会有 200 架协和式飞机的市场，结果只卖给了英航和法航共 16 架飞机。

2000 年 7 月，协和式飞机发生首次坠机事故，为以后的运营投下了阴影。2003 年 10 月，这种型号的飞机进行了最后的航行任务。不过有好几项技术开发项目正在进行，准备开发一种后续的大型飞机。协和式飞机不佳的市场表现对参与此项努力的各方产生了最大的阻碍作用。

空中客车 A300

作为中型、中程的喷气客机，A300 是第一种宽体双引擎飞机。这种飞机也是空中客车集团制造的第一种飞机，商用喷气客机市场上的一些严重麻烦也由此产生。空中客车作为一项英法合作项目从 1965 年开始，接下来又成为法、德、西、英共同组建的企业集团，生产基地最后设在法国南部城市图卢兹。

A300 计划于 1968 年首次提出，1972 年 10 月首航。法国和西德的认证于 1974 年 3 月完成，同年 5 月 A300 飞机在法航投入使用。

其最早的两个机型为 A30082 和 A30084。空中客车公司共制造此两种型号的飞机 248 架，于 1984 年末停止生产。取代它们的是现行的 A300 - 600，还有 A300 - 600R 作为其扩大航程的机型。A300 - 600 型有着双人机组飞行舱、载客量增多、载重量大的特点和其他性能改进。

除法航之外，A300 的大用户还包括德国汉莎公司、埃及航空公司、美国航空公司和泰国航空公司。1991 年，美国联邦快运公司启动了一种运输机改型品种 A300 – 600F，这个订单加上 1998 年 UPS 的 30 架 A300 – 600F 订单，将会使 A300 的生产至少能再维持十几年。

空中客车公司还制造了 4 架巨型 A300 – 600ST 超级运输机，用于在各生产厂之间搬运航空设施。这种巨型机被人们称作"大白鲸"，其理由是每个看到它的人都能明白的。

空中客车 A310

　　A310 基本上是缩短了的 A300，是空中客车公司的第二个项目。该机型 20 世纪 70 年代初作为 A300810 开始设计研究，1978 年 7 月投产，同时开始研究的 A30089T、A300811 项目接下来分别变成了 A330 和 A340。

　　第一架 A310 于 1982 年 4 月起飞，1983 年 3 月法国和西德给予认证，同年 4 月在瑞士航空公司和德国汉莎航空公司投入运营。同 A300 一样，A310 也有通用电气发动机和普拉特—惠特尼发动机两种选择。

　　A310 的第一种变型是 A310 - 200，接着是航程更长的 A310 - 300，始飞于 1985 年 7 月。空中客车公司制造了 85 架 A3100 - 200 就基本结束了这种变型机的生产。迄今为止，空中客车公司已大约生产了 260 架 A310 型机，大用户包括新加坡航空公司、土耳其的 THY 公司、德尔塔航空公司、法国航空公司及德国汉莎航空公司。

　　20 世纪 90 年代，A310 也为结束冷战做出了自己的贡献。1988 年，东德的 Interflug 购买了 3 架 A310 - 300 来取代其没有希望的伊尔 - 62 机。这些 A310 机后来由德国空军使用。1991 年，A310 机又成为第一种被西方航班认可的俄罗斯国家航空认证机型。

空中客车 A320

A320 是空中客车公司生产的第一种窄体喷气客机，被设计用来在中短程航线运送 150 名乘客，同波音 737－700/800 竞争。空中客车公司进入窄体干线飞机市场较晚，在其 1984 年启动 A320 计划时它已生产了近 15 年的宽体飞机。但是，一旦意识到市场需要采用新技术的干线飞机，空中客车公司就把遥控自动驾驶技术和 15％ 的合成材料用于 A320 的设计中。空中客车公司还让客户有选择发动机的机会。通用电气斯内克马的 CFM56 和国际航空发动机公司的 V2500 可以任选。

A320 首飞于 1987 年初。1988 年 3 月，法国航空公司和英国航空公司接收了头两架 A320。这是英国航空公司选用的惟一的空中客车飞机，因为它已选择了英国喀里多里亚的加里东飞机，订购了 10 架。

A320 的第一版是 A320－100，在转向生产 A320－200 前只生产了 21 架。A320－200 以翼梢对空搜索仪区别于 A320－1000 空中客车公司还生产缩短和加长的 A320 改型机，分别称作 A318、A319 和 A321。

至 20 世纪 90 年代，空中客车公司已生产了 800 多架 A320，使其成为欧洲最成功的运输机型。主要用户包括美国联合航空公司、美国西北航空公司、德国汉莎航空公司、法国航空公司、法国 Inter 航空公司和加拿大航空公司等。

空中客车 A318/319/321

A319 和 A321 分别是 A320 窄体喷气客机的缩短型和加长型。二者使用的系统、机翼和发动机均与 150 座的 A320 相同。A319 和 A321 在空中客车公司的汉堡工厂生产，而 A320 和其他空中客车飞机是在法国航空航天公司的图卢兹工厂装配的。

A321 加长概念是在 A320 计划开始时提出的。空中客车公司意识到，增加两段机身，再作一些改进，就可生产一种 186 座的飞机与波音 757 竞争了。1989 年 5 月开始提出这个想法，同年 9 月启动 A321 计划。A321 首飞于 1993 年 3 月，同年 12 月获得认证。首架产品飞机于 1994 年 1 月发往德国汉莎公司。到 2000 年年末，空中客车公司已交货 70 架 A321 型飞机。

124 座的 A319 型机于 20 世纪 90 年代初开始酝酿。1993 年 6 月启动 A319 项目时，空中客车公司手中只有来自国际租赁投资公司的 6 架可靠订单，当时正值飞机行业大萧条的中期。可是到 2000 年，他们已拿到共 600 架的订单，其中 250 架以上已经交货。空中客车公司还将此型飞机作为公司用飞机来销售，即 A319CJ。

106 座的 A318 型机是更年轻的产品，于 1999 年 4 月开始研制。该型飞机把装备普拉特—惠特尼的 PW6000 型发动机作为新增加的选项。这种飞机在 2002 年末开始服役，并在汉堡工厂生产。

空中客车 A330

A330 是空中客车公司制造的双引擎中程宽体喷气式客机，它与四引擎 A340 密切相关，除推进系统外其他均相同。

空中客车公司于 1987 年 6 月启动 A330/340 计划。1992 年 10 月 A330 在图卢兹工厂下线，同年 11 月首飞。样机共生产了 4 架。1993 年 10 月 21 日，A330 成为获得美国/欧洲 FAA/JAA 联合认证的第一种客机。

1993 年末，空中客车公司将首批 A330 交付法国 Inter 航空公司。到 2000 年末，已有超过 150 架的 A330 型飞机交货。大用户包括 Cathay 太平洋公司（订购了 12 架）、韩国航空公司（订购了 16 架）和马来西亚航空公司（订购了 10 架）。

A330 可由用户选择涡轮风扇发动机提供动力，可供选择的发动机包括通用电气的 CF6－80E1、罗尔斯—罗伊斯公司的 Trent700 和普拉特—惠特尼公司的 PW4168。第一种 A330 样机是 A330－300，能乘坐 335 名乘客，可与波音 777 媲美。接着生产的是短机身的 A330－200，250 座，于 1998 年 4 月开始服役。A330－200 型飞机有效地替代了 A310 型飞机。

空中客车公司后来考虑生产另一种供将来使用的 A330 缩短型飞机，当时拟命名为 A300－500。这种飞机能乘坐 220 名乘客，将会取代空中客车产品系列中的 A300 型飞机。

空中客车 A340

A340 为空中客车公司的第一种四引擎设计，是同波音 777 在小型干线飞机市场竞争的远程宽体飞机。A340 与 A330 密切相关，主要差别在于推进原理不同：A330 用的是两部大型引擎，而 A340 用的则是四部中型引擎。

最初被叫做 A300B11/TAll 的 A340 计划启动于 1987 年 6 月。1991 年 10 月在法国航空航天公司的图卢兹工厂首飞。1992 年 12 月获得欧洲 JAA 认证，1994 年 3 月开始投入商业服务。到 2000 年底，空中客车公司已交付将近 200 架 A340 飞机。

A340 有两个基本版本。超远程的 A340 – 200 能载 262 – 303 名乘客。加长的 A340 – 300 载客量为 295 – 335 人。A340 – 300 是客货两用型飞机，载客量为 195 人，有 6 个行李舱。在这两种飞机之后开发的是进一步加长的 A340 – 500 和 A340 – 600，两种机型均采用增大的机翼和罗尔斯—罗伊斯的 Trent500 型发动机。A340 – 500 机型为 313 座，航程 8300 千米；A340—600 机型则为 380 座，航程 7500 千米。这两种新机型在 2002 年开始交货。

由于它的航程能跨越太平洋，所以 A340 在亚洲一些航空公司大受欢迎，像菲律宾航空公司、中国太平洋公司和新加坡航空公司等都有 A340 飞机。其他大用户包括法国航空公司、德国汉莎航空公司和海湾航空公司等。

空中客车 A3XX

A3XX 飞机是空中客车公司计划于 20 世纪 90 年代生产的最大型客机。A3XX 的基型 A3XX－100 采用双引擎和双舱面设计，这个庞然大物能载客555 人，航程可达 14167 千米。这种机型将对波音 747－400 形成挑战（并可能超越它）。

除了 A3XX－100 之外，还有远程机型 A3XX－100ER、加长型的 656 座 A3XX－200 和缩短型的 480 座 A3XX－50。将来还准备增加货运型和客货两用型。所有这些机型的最大起飞重量都超过 450000 千克。空中客车公司还计划推出带宾馆住宿条件和影剧院的豪华机型。

经过几年的设计和讨论之后，A3XX 的商业程序于 2000 年启动。后来有法国航空公司、阿拉伯联合酋长国、国际租赁投资公司（ILFC）和新加坡等提出了订单。除空中客车公司成员之外，还有大量的其他工业公司参与其事，这包括福科公司、欧洲直升机公司法国公司和 GKN 威斯特兰公司等。

BAE 系统 1 - 11

1 - 11 型飞机是英国飞机制造公司（曾称英国航空工业公司，现为 BAE 系统）设计的 65 - 119 座窄体双引擎喷气式客机，它是 BAC 和道格拉斯公司的 DC - 9 及福科公司的 28 型飞机进行竞争的产品。20 世纪 50 年代，1 - 11 型飞机和汉汀  (Hunting) 航空公司的 H107 型 48 座喷气式客机同时起步。1960 年英国飞机制造公司兼并汉汀公司后，扩大了设计，座位数增加到 65 个。样机于 1963 年 8 月试飞。

第一种 1 - 11 型飞机是 200 系列，于 1965 年 4 月获得认证，接着是 300 系列和 400 系列。最大的型号是 500 系列，它是有更宽的机翼和更强大发动机的加长 300/400 型机，载客量达到 119 人，于 1968 年 11 月投入使用。

1 - 11 型飞机在英国的生产于 20 世纪 70 年代末结束，共生产了 230 架。

1982 年，英国航空工业公司帮助 CNIAR（当时的罗马尼亚航空公司）在罗马尼亚建立了一条 1 - 11 型飞机装配生产线。大约有 20 架 1 - 11 型飞机在那里生产，产品首飞于 1986 年 9 月。罗马尼亚航空公司开发了一个新型号即"空中之星 2500"，配备的是罗尔斯—罗伊斯的 Tay 发动机，但此机型没有投产。

到 2000 年，仍有 90 架以上的 1 - 11 型飞机在使用。澳大利亚安塞特公司有 12 架，欧洲航空公司有 13 架，亚洲国际航空公司有 5 架。BAE 系统现仍提供此种飞机的零部件和维修服务。

BAE 系统 146/Avro RJ

146/RJ 是为短途运输设计的四引擎 70－115 座喷气式客机。作为惟一的高机翼（高居机身之上）民用飞机，146/RJ 型飞机极易辨认。146/RJ 型飞机的历史和命名过程均较复杂。它先是作为豪克希德利的 HS146 进行设计，但这个项目后来取消了。在豪克希德利成为英国航空工业公司（现 BAE 系统）的一部分后，它变成了 BAE146。1978 年 7 月，英国航空工业公司重新启动 146 项目。1981 年 9 月 146 型飞机首飞，1983 年 5 月投入使用。

1992 年 6 月，英国航空工业公司又将其重新命名为 RJ（支线喷气机）系列，后面加数字表示其座位数。RJ70 和 RJ85 采用 146～100 的机身，RJ100 采用 146～200 的机身，而 RJ115 则采用 146～300 的机身。英国航空工业公司还专门成立了一个单独的部门 Avr0 负责销售 RJ 系列。

新型 RJ 飞机以改进的发动机、创新的内部设计和数字控制系统为特征。RJ 型飞机首飞于 1992 年 3 月，1993 年末开始交货。

英国航空工业公司生产了大约 220 架 146 型飞机，其中大多数仍在服务。到 2000 年末，英国航空工业公司生产了约 140 架 RJ 型飞机。RJ 飞机的订单来自德国汉莎航空公司、Mesaba 公司、城市飞行者快运公司（Cityflyer Express）和十字航空公司。

BAE 后来考虑再开发一个升级产品 RJX，配备汉尼威 AS900 发动机。不丹的 Druk 航空公司对此提出了确定的订单。

波音 707

波音 707 不是世界上第一种商用喷气式运输机，这一荣誉应归于德哈维兰德的"彗星"飞机。但是，波音 707 是设计一种高效率、大容量、能跨越大西洋的喷气式客机的努力的首次真正成功。它引入了我们今天认为理所当然的薄后掠翼和发动机吊舱放在下面的设计方案。

波音 707 为四引擎远程窄体设计，最早是从 1954 年 7 月首飞的 367 – 80 型样机开始的。波音 707 的第一种样机为波音 707 – 120，于 1958 年 9 月取得认证，一个月后在泛美航空公司投入运营。

最初的波音 707 飞机采用普拉特—惠特尼公司的 JT3C 型涡轮喷气发动机，接下来改用 JT4A 型发动机。1960 年，波音公司引入 JT3D 型涡轮风扇发动机作为一种选择。接下来它们成了标准配置。但波音公司也生产了由罗尔斯—罗伊斯的康威（conway）型发动机提供动力的波音 707 – 420 型飞机。最流行的波音 707 飞机是洲际飞机波音 707 – 320，波音公司共生产了 580 架这种飞机。

很明显，波音 707 不能永远地飞下去。新的波音 878 商用飞机已于 1982 年向摩洛哥交货。许多第三世界国家的航空公司如智利航空公司、埃及航空公司和巴西航空公司等，仍有少量波音 707 在使用。

波音 707 还广泛用于军事方面，最著名的是用作 AWACS 雷达飞机。1991 年 4 月波音 707 生产线关闭，最终共生产了 1010 架波音 707 飞机。

波音717

波音717原是作为麦道公司的MD95喷气机设计的，是一种供中短程航线使用的双引擎窄体飞机。波音717基本上是DC－9－30的转世再生，只是装备了新的电子设备和罗尔斯—罗伊斯/BMW的BR715型涡轮风扇发动机。该机有两种舱位，106座，或只有一种舱位，129座。

道格拉斯公司是1991年作为与中国CATIC（中国航空工业公司）的合资项目宣布DC－95项目的。西北航空公司同意对此机型进行考评，并装备了普拉特—惠特尼的发动机。接下来这个中美合作项目失败，但道格拉斯公司仍在继续推广这种飞机。

1994年，道格拉斯公司再一次积极地向各航空公司推介MD－95。1994年末道格拉斯公司开始制造一架MD－95的静态样机，利用的是一架前东方航空公司的DC－9－30。经过多次失败之后，MD－95终于在1995年10月正式启动，美国的Valujet公司（后来的Air Tran公司）订购了50架这种飞机。

波音公司在接管麦道公司之后，决定把这个项目继续下去，并在1998年初将这种飞机重新命名为波音717。目前的波音717基本型是717－200，但波音公司后来考虑生产两种85座和130座的改型机，分别称作波音717－100X和波音717－300X。

首架波音717－200－F1已经在1998年6月下线，并在当年9月首飞。这种飞机于1999年9月获得认证，随后便在Air Tran公司开始运营。其余的订单来自TWA公司和一些小型的欧洲租赁公司。

波音 727

　　用于国内干线的 145 座三引擎运输机波音 727 是波音公司在波音 707 之后开发的第二种喷气式客机。在考察了许多替代方案之后，波音公司决定采用后引擎三个喷气发动机的方案，这个方案是从比它小的霍克尔塞德利三叉戟飞机上借用来的。所有波音 727 飞机都由普拉特—惠特尼的 JT8D 系列发动机提供动力，而且都有一个三人机组飞行舱。美国波音 727 计划于 1960 年 12 月开始启动，当时有来自美国东方航空公司和美国联合航空公司的订单。样机于 1963 年 2 月试飞，1964 年 2 月开始商业服务。

　　第一种波音 727 飞机是波音 727 - 100，是一种由 JT8D - 1 型发动机提供动力的 131 座飞机。波音 727 - 100 还有客货两用型 727 - 100C 和快速改装货运型 727 - 100QC 两种派生机型。

　　145 座的加长型波音 727 - 200 于 1967 年 11 月取得认证，后来成为波音

727 的标准型。其最后的派生机型是 1983 年交货的波音 727F 型纯货运飞机。

波音公司总共生产了 1832 架波音 727 飞机，包括一架试验机。其中有 1245 架为波音 727 - 200，15 架为波音 727F。最后一架于 1984 年 9 月交货。

许多波音 727 飞机仍在美洲航空公司、大陆航空公司、德尔塔航空公司、西北航空公司和联合航空公司等许多公司继续服务。美国联邦快递公司、DHL 公司和 UPS 公司使用的是其货运型。还有许多更换发动机和降低噪声的方案可供选择，使这种机型能长期服务下去。

波音 737 – 100/200

神奇的波音 737 飞机系列是从只在短途航线运营、载客量为 100 人的"波音婴儿"737 – 100 型起步的。波音公司于 1964 年 11 月开始其波音 737 – 100 计划，当时类似的 BAC1 – 11 和道格拉斯 DC – 9 计划已经运作得很好。

和 DC – 9 一样，早期的波音 737 也是由普拉特—惠特尼 JT8D 型发动机提供动力的。

1965 年 2 月，德国汉莎航空公司发出一份 21 架波音 737 – 100 飞机的启动性订单。样机于 1967 年 4 月试飞。就在这时，波音公司决定加长波音 737，开发 120～130 座的波音 737 – 200。1965 年 4 月联合航空公司开始订购这个型号的飞机，1967 年 8 月第一架 737 – 200 起飞。1967 年 12 月，波音 737 – 100 和 737 – 200 获得认证。1968 年 2 月波音 737 – 100 投入运营，同年 4 月波音 737 – 200 也相继投入运营。计划的高潮和低谷告诉我们，航空工业是个周期分明的行业——波音公司 1969 年生产了 114 架波音 737，而 1972 年只有 22 架。到 1981 年，年产量又上升到 108 架。

波音公司交付最后一架 737 – 200 是在 1988 年。到那时，737 – 300 的生产已运行良好。波音公司总共生产了 1114 架 737 – 200 和 30 架 737 – 100。其中有 100 多架是可改装货运型 737—200C。

许多 737 – 200 飞机现仍在运营，从阿尔及利亚到赞比亚都有。大用户包括美国各大航空公司，特别是德尔塔、联合航空和美国航空公司。有许多降噪方案可供选用，以便使波音 737 系列飞机满足第 3 阶段噪声限制的要求。

波音 737 – 300/400/500

波音公司的第二代 737 飞机启动于 1981 年 3 月。这第二系列以 CFM56 型发动机、改进的机翼和新飞行舱为特征，与空中客车公司的 A318/319/320/321 系列竞争。

第一种新波音 737 是 737 – 300，于 1981 年启动。波音 737 – 300 载客量扩展到 128 人（座舱分两等），首飞于 1984 年 2 月，同年 11 月获得认证。

两年后，波音公司启动了 737 – 400 项目。这种机型的载客量增加到 146 人，于 1988 年 9 月投入运营。最后，波音公司又在 1987 年 5 月启动了缩短型的 108 座波音 737 – 500 项目，该机型 1990 年 3 月投入运营。

第二个 737 系列比 737 – 100/200 更受欢迎。到 2000 年初，波音公司已交付 1988 架 737 – 300/400/500 型飞机，包括 389 架 737 – 500、486 架 737 – 400 和 1113 架 737 – 300。世界上许多航空公司都使用这种飞机，大用户包括德尔塔航空公司、大陆航空公司、德国汉莎航空公司、马来西亚 MAS 公司、联合航空公司和美国航空公司。

美国西南航空公司以其只飞 737 飞机闻名，它订购了 175 架波音 737 – 300 和 737 – 500。据说西南航空公司驻波音制造厂的一位代表在看到一架为其他航线服务的波音 737 飞机时，竟脱口问道："那架飞机在我们工厂干什么？"波音 737 – 300/400/500 后来被波音 737 – 600/700/800 取代了。

波音 737 – 600/700/800

波音公司已生产出替代 737 – 300/400/500 的第三代波音 737 飞机。具体是：108 座的 737 – 600 替代 737 – 500，146 座的 737 – 700 替代 737 – 300，而 160 座的 737 – 800 则替代 737 – 400。

1993 年 6 月，波音公司宣布其 737 – X 系列，同年 11 月西南航空公司以 63 架确定订单和 63 架选择订单启动了波音 737 – 700 的市场。第二个启动的是波音 737 – 800，1994 年 9 月哈帕奇洛伊德公司订购了 16 架。最后 SAS 公司在 1995 年 3 月以 35 架确订，35 架选订的订单启动了 737 – 600 的市场。所有这些启动都伴随着波音公司宣布其波音 737 – 300/400/500 生产率的削减。1997 年 12 月波音 737 – 700 开始供货。

新的 737 系列以噪音更低、更有效的 CFM56 – 7 型发动机为特征。这些发动机使新 737 飞机的运行成本比 737 系列降低 15%，并满足第 4 阶段噪音限制要求。下一代 737 还将采用更大的机翼、更新的电子设备和更具弹性的内部设计。

由于这些努力，使波音 737 家族的生产可能持续到 2020 年，即第 50 年。到 2000 年末，波音公司已拿到超过 1500 架的第三代波音 737 订单，已交货 400 架以上。

波音747

　　波音公司747装配线的横幅上写着"制造奇迹"几个字，此话不假。波音747是世界上最大的商用喷气式客机，也是第一种宽体飞机。它使大批人到世界远方进行廉价旅行的愿望成为可能，也使我们大家相互靠得更近。

　　波音747的故事开始于20世纪60年代，当时波音公司在制造美国空军大型运输机的竞争中失败，便把设计方案用在了民用喷气式客机上。泛美航空公司1966年4月的订单启动了这个计划。1969年12月波音747获得认证。

　　第一种波音747样机是波音747－100，以普拉特—惠特尼JT9D型涡轮风扇发动机为动力。接着是航程更远的波音747－200，1971年投入运营。波音747－300以扩展的上层舱面为特征，于1983年投入使用。

在 1985 年正式启动的的波音 747 - 400，其区别在于小机翼。它的航程更远，机翼更宽，并有一个先进的二人机组飞行舱。它有货运型和客货两用型两种变型。波音公司正在考虑一些新的扩展型和改变机翼设计的变型以应付未来需要，主要是和空中客车公司的 A3XX 竞争。

到 2000 年末，波音公司已经生产 1200 多架 747 飞机，包括 400 多架 747 - 400。几乎每个主要国际航空公司都在使用波音 747，较大的用户包括英国航空公司、日本航空公司、新加坡航空公司和韩国航空公司。

波音 757

　　波音 757 是按跨洲飞行设计的中程双引擎喷气式客机。作为目前最大的窄体设计客机，波音 757 最多能载客 230 人。波音公司是把 757 作为 727 的后续产品进行开发的，该计划启动于 1978 年 8 月，当时有来自英国航空公司和东方航空公司的订单。1982 年 1 月第一架波音 757 飞机下线，1 个月之后进行了它的首次飞行。1983 年 1 月，波音 757 在东方航空公司投入运营。

　　波音 757 的第一种机型是 757－200，1982 年 1 月 13 日出厂，同年 2 月 19 日首飞，并可作为货运飞机。最初，波音公司本打算生产一种缩短型的 150 座波音 757－100。结果在 1999 年却生产了加长的波音 757－300，其首批交货时间为 1999 年。

　　波音 757 的机身和波音 707、727 及 737 基本相同，以至于让有些人把波

音公司的兰顿工厂称作"伟大的机身生产机器"。波音757可由罗尔斯—罗伊斯发动机或普拉特—惠特尼发动机提供动力，并且是首批使用双人机组飞行舱的飞机之一。同样的飞行舱在波音767中也能看到，波音767和757是同时设计的。

波音公司已生产了900多架波音757，并且仍在继续生产。主要的波音757用户包括美洲航空公司、德尔塔航空公司、西北航空公司和UPS公司等等。

波音767

　　波音767是波音公司最小的宽体飞机，载客量为220～270人，是与空中客车公司的A310竞争（也和它相似）的双引擎喷气式客机。其启动订单1978年7月来自联合航空公司。波音767飞机于1981年9月首飞，1982年8月首批交付使用。

　　第一种波音767机型为767－200，加长型。767－300于1983年9月启动。波音767－300与波音767－200很相似，只是前者比后者长6.4米。后来生产的大多数是波音767－300。两种机型都有扩大了航程的变型机种——波音767－200ER和波音767－300ER。1997年3月德尔塔公司的订单又启动了进一步加长的波音767－400ER项目。该机型于2000年8月交货。其座舱又作了改进，这种改进亦可用于其他机型。波音767的发动机既可以选用通用电气公司的，也可以选用普拉特—惠特尼公司的，还可以选用罗尔斯—罗伊斯

公司的。大多数机身由日本川崎公司和三菱公司制造。波音 767 是第一种使用带电子飞行仪系统（EFIS）的双人机组飞行舱波音飞机。座位为每排 7 个或 8 个。

到 2000 年年末，已经生产了 800 架波音 767 飞机。主要用户包括联合航空公司、全日空公司、美洲航空公司和英国航空公司。UPS 公司已订购了一种货运型 767 - 300F。

2000 年，波音公司又开始实行一项把波音 767 - 200 转化成货运飞机的计划。

波音 777

波音 777 是 20 余年来使用的最新式大型喷气式客机，宽体双引擎，有 300~400 个座位，是为洲内和洲际航线设计的，它填补了波音产品序列中 767 和 747 之间的缺口。1989 年 6 月波音公司宣布开发波音 767 – X 项目，1990 年 10 月启动，最后确定的新飞行型号波音 777。首架波音 777 飞机于 1994 年 6 月起飞，1995 年 4 月取得认证。

1995 年 6 月，波音 777 – 200 在联合航空公司投入运营。这种飞机迅速席卷市场，出现在几乎所有的国际航线上。波音 777 的其他主要用户包括法国航空公司、美洲航空公司、英国航空公司、全日空公司、德尔塔公司、日本航空公司、新加坡航空公司和沙特航空公司。

和波音 767 一样，波音 777 的涡轮风扇发动机也可以分别选用通用电气公司、普拉特—惠特尼公司和罗尔斯—罗伊斯公司的产品。

波音 777 – 300 加长改型机 1998 年投入使用，座位数一般为 380 个。其发动机的额定出力为 436 千牛。在波音 777 – 300 之后推出的是上述两种机型的远程派生机型波音 777 – 200LR 和波音 777 – 300ER。这两种机型在 2002 年或 2003 年投入运营，并采用了功率更大的发动机。

波音 MD – 11

波音（原为麦道）公司的 MD – 11 是由 DC – 10 衍生而来的三引擎远程宽体喷气式客机。最初的设计系在原有基础上稍作扩展而成，称作 DC – 10 系列 50/60 型机，随着项目的日益扩展，曾被命名为 MD – 100，1984 年改称 MD – 11。MD – 11 于 1990 年 11 月获 FAA 认证，首次交货于 1990 年 12 月，买主是芬兰航空公司。

与 DC – 10 相比，MD – 11 的机身加长了 5.66 米，机翼变得更大，引擎的功率也更大，并有一个两人机组飞行舱。同 DC – 10 一样，MD – 11 也可在通用电气发动机和普拉特—惠特尼发动机之间作出选择。

和 MD – 10 一样，MD – 11 也有货机、可改装货机和客货两用机等变型。美国联邦快递公司原有 13 架 MD – 11F 型货机，后来又从美洲航空公司购买了更多的 MD – 11 用于货运。本来是按普通客机设计的飞机，MD – 11 却在作为货机使用时显示了价值。韩国航空公司后来也将其 5 架 MD – 11 改装成货运机。德国汉莎航空公司更是在此项目已明显处于没落阶段的情况下继续购买 MD – 11F。

波音公司已交付 190 多架 MD – 11，但 2000 年生产形势已趋下降。主要用户包括德尔塔航空公司、神鹰航空公司、日本航空公司、瑞士航空公司和意大利航空公司。

波音 MD－80

　　MD－80 源于 DC－9，开始被称做 DC－9 超级 80。主要变化包括改进了的普拉特—惠特尼 JT8D－200 系列发动机、加长的机身和比 DC－9－50 增加 28% 的翼展。

　　从 DC－9 到 MD－80 的更名反映了道格拉斯成为麦道公司一部分的状况。MD－80 首飞于 1979 年 10 月，1980 年 8 月获 FAA 认证，首架产品机同年 9 月交付瑞士航空公司。

　　MD－80 家族有 5 个成员：MD－81、MD－82、MD－83、MD－87 和 MD－88。其中 MD－87 是有 105~130 个座位的短机身变型机，其余 4 种的载客量均为 155 人。MD－82 为适应高热、高海拔运行提高了发动机动力，MD－83 的航程则更远些。MD－88 以带 EFIS 显示的先进"玻璃"驾驶座舱为特征。

1992年6月，道格拉斯交付了它的第1024架MD-80，这是它生产的包括DC-9在内的第2000架双引擎喷气机。中国上海航空工业公司按许可证生产了35架MD-82和MD-83，其中最后一架完成于1994年8月。

1999年，波音公司决定停产MD-80。包括中国装配的35架在内，MD-80的总生产量为1191架。和DC-9时的情况一样，大多数美国大客户和其他航空公司都使用MD-80，包括美洲航空公司（超过250架）、TWA公司（超过100架）、大陆航空公司（超过60架）和意大利航空公司（超过45架）。拥有MD-88最多（120架）的则是德尔塔公司。

波音 MD-90

MD-90 是道格拉斯公司双引擎喷气机家族的第三大代表性产品，起初是一项创新的高技术设计。它以危险的外置后掠式风扇叶片的螺旋桨风扇和能效特别高的旁路喷气发动机为特征。道格拉斯公司

1986 年开始这种飞机计划。然而，各航空公司态度保守，油价也一直低迷，连波音公司都放弃了其螺旋桨风扇客机波音 757 的计划。

道格拉斯公司决定改用国际航空发动机公司（IAE）的 V2500 常规螺旋桨风扇发动机。IAE 是由普拉特 - 惠特尼公司、罗尔斯 - 罗伊斯公司、日本航空发动机公司、菲亚特公司和 MTU 公司组成的联合体。

1989 年 11 月，德尔塔航空公司提供了 MD-90 的启动订单，头两架样机 T-1 于 1993 年 2 月首飞，1994 年 11 月获得 FAA 认证。1995 年 4 月 1 日，MD-90 在德尔塔航空公司投入商业运营。MD-90 的基准型是 MD-90-30，153 座。经过几年的销售困难之后，波音公司在接管麦道公司后把 MD-90 停产了。在生产了 114 架飞机之后，MD-90 的生产于 2000 年终止。德尔塔公司至今仍拥有 16 架 MD-90，沙特阿拉伯则拥有 29 架。

和 MD-80 一样，MD-90 也曾计划由中国上海航空工业公司组装，但只组装了两架飞机，这个计划便终止了。

鲍巴蒂尔 RJ

鲍巴蒂尔公司（前加拿大航空公司）支线喷气机（RJ 或 CRJ）是第一种为偏远支线设计的 50 座运输机，它源于该公司"挑战者"商务喷气机，使用同样的通用电气 CF34 型涡轮风扇发动机。座位为 4 个一排。

CRJ 计划于 1989 年 3 月启动，飞机首飞于 1991 年 5 月，1992 年 7 月获得加拿大认证，1993 年 1 月获得美国 FAA 认证和欧洲 JAA 认证。到 2000 年年中，RJ 型飞机已有超过 700 架的订货，已交货 380 架以上。主要用户包括德国汉莎航空公司和加拿大航空公司等。RJ 飞机用于替代涡轮螺旋桨运输机和老式的小型喷气机，如 DC－9 和福科 28。RJ 飞机的售价约 2000 万美元。

鲍巴蒂尔公司正着手 RJ 飞机加长型的研制工作。CRJ－900 将容纳 90 位旅客，选用 CF34 的改进型发动机。这种飞机后来得到 BritAir 公司的订单，并于 2002 年投入使用。

RJ 系列飞机和英布拉尔公司的 ERJ－145/170/190 和费尔钱德－多尼尔公司的 728/928JET 飞机直接竞争。

英布拉尔 ERJ – 145

ERJ – 145（原 EMB – 145）亚马孙飞机是巴西英布拉尔公司制造的 50 座双引擎支线飞机。它和鲍巴蒂尔公司的 RJ 系列直接竞争。这种飞机是在加长的 EMB – 120 机身基础上增加新机翼和发动机而成。

1989 年 6 月，在巴黎航空展上英布拉尔公司展出了 EMB – 145 亚马孙飞机。最初的 EMB – 145 设计使用了 EMB – 120 的直机翼，涡轮风扇发动机置于机翼上方。1991 年 3 月，英布拉尔公司改变了设计，采用发动机置于下方的后掠翼。1991 年 12 月，英布拉尔公司再次改变了设计，将发动机置于后部机身上。

1993 年 6 月，英布拉尔公司启动亚马孙项目，1995 年 8 月样机下线试飞，比原计划晚了两年多。英布拉尔公司的首批 ERJ – 145 飞机于 1996 年 12 月交付使用。

这个倒霉的项目接下来又转化成巨大的成功，把刚实现私有化的英布拉尔公司推向顶级飞机制造公司之列。到 2000 年年中，公司已接到超过 350 架 ERJ – 145 的订货，其中半数以上已经交货。大用户包括大陆快运公司、美洲鹰公司和曼岛公司。

在 ERJ – 145 之后推出的是 ERJ – 135，这是一种缩短的 37 座改型机，于 1999 年投入使用。公司后来收到这种改型机的订单超过 150 架。英布拉尔公司后来又计划开发 42 座的 ERJ – 140 飞机。

英布拉尔 ERJ – 170/190

ERJ – 170/190 是英布拉尔公司提供的一个新的大型支线喷气飞机系列。ERJ – 170 为 70 座，加长的 ERJ – 190 – 100 为 98 座，ERJ – 190 – 200 则为 108 座。该系列采用二二式座位排列，并配备通用电气的 CF34 型发动机。这种飞机和费尔钱德—多尼尔公司的 728/928JET 系列及鲍巴蒂尔公司的 RJ 系列（请分别参阅本书相应介绍）都是直接竞争关系。

20 世纪 90 年代，英布拉尔公司就新的大型支线喷气飞机系列的计划进行了好几年的讨论。在 1999 年 6 月举办的巴黎航空展上，刚刚实现了私有化的英布拉尔公司接到了十字航空公司 30 架 70 座的 ERJ – 170 飞机和 30 架 108 座的 ERJ – 190 – 200 飞机的订单，另外还有的 100 架型号未最后确定的订货，从而成功地启动了这个新系列。上述订单的总价值达到 49 亿美元。

ERJ – 190 – 100 至今仍未能启动，也未收到其他的大订单。这个系列中所有的产品均可按标准航程（SR）和远程（LR）两种机型供货。英布拉尔公司还准备开发一种公司企业专用的机型，型号为 ECJ – 170/190。

ERJ – 170 的认证定于 2002 年 8 月进行，当年年底首批飞机供货。ERJ – 190 的供货于 2004 年年中开始。

费尔钱德—多尼尔 328JET

费尔钱德—多尼尔公司的 328JET 是一种双涡轮风扇（原为涡轮螺旋桨）发动机、30～33 座的增压型支线客机。和英布拉尔公司的 ERJ–135（见 ERJ–145 介绍）是直接竞争关系。

多尼尔公司于 1984 年开始研究新型的 30 座快速涡轮螺旋桨飞机。328 项目启动之后，设计却在 1989 年年中被冻结了。

随后便是一段困难时期。启动用户 Contact Air 公司也于 1991 年 3 月撤销了其订单。1991 年末曾有一架样机试飞，但为了把飞机的发动机改换成功率更大的 PW119B，飞行试验又被迫停止。1992 年 3 月，另外一家主要的客户 Midwav 公司被清算。就在这一年中，接下来又有一架 328 样机遭受到一次几近毁灭性的推进器失效事故。1993 年 10 月获得 JAA 认证之后，第一批飞机交付 Engiadina 航空公司使用。但市场又很快萎缩，在交货 104 架飞机之后，停止了生产。

多尼尔公司后来为费尔钱德公司拥有，他们决定把这个机型上过去使用的螺旋桨发动机换成普拉特—惠特尼加拿大的喷气发动机，从而将其转化为一种支线喷气飞机。曾经是 328 飞机一大麻烦的成本也降下来了。

这样就把这个项目变成为一个成功项目。自从该项目于 1997 年启动以来，328JET 已收到 100 架以上的订单。1999 年 7 月获得认证并首次交货。但由于公司注意力转移到 728/928JET 上去，原来开发 44 座 428JET 的计划被撤销。

费尔钱德—多尼尔 728/928JET

费尔钱德公司开发了 528/728/928JET，这是一个 55 ~ 95 座的支线喷气飞机系列。这个系列的座位是按三二排列，并选用通用电气的 CF34 型发动机。这种飞机和英布拉尔的 ERJ－170/190 系列及鲍巴蒂尔公司的 RJ 系列都是直接竞争关系。

1998 年 5 月，费尔钱德—多尼尔公司公布了其传闻已久的新型支线喷气机计划。此次设计以 20 世纪 80 年代 DASA 公司开发 MPC－75 型支线喷气机的计划为基础。计划有三种新型号，即 55 座的 528JET、70 ~ 75 座的 728JET 和 90 ~ 95 座的 928JET。其中 728JET 的开发成本将达到 8 亿美元，另外两种机型还需要 1.5 亿美元。

1999 年 4 月末，德国汉莎航空公司发出了 728JET 的启动订单。该公司共签署了 30 架确定的订单和 60 架可选择订单，价值达 16 亿美元。

除 528/728/928JET 之外，费尔钱德公司还准备开发一种加长的 110 座机型，即 1128JET。在 1999 年 6 月的巴黎航空展上，费尔钱德公司还启动了 728JET 的企业用机型 Envroy7（特使 7）项目。有一家公司订购了 25 架这种飞机。

728JET 于 2001 年首飞，认证和首批供货在 2003 年年初完成。928JET 的认证和首批发货在 2004 年 2 月进行。

福科 28

　　F28 友谊号是由荷兰福科公司制造的双引擎窄体喷气式客机。作为一种 65～80 座的中短程飞机，它与道格拉斯的 DC－9 和英国飞机制造公司的 1－11 型飞机相互竞争。和 1－11 型飞机一样，F28 采用罗尔斯—罗伊斯的斯倍发动机，安装在后部机身上。

　　F28 计划开始于 20 世纪 60 年代早期，样机首飞于 1967 年 5 月。德国 LTU 公司是其第一个用户，该公司在 F28 刚于 1969 年 2 月获得认证后就购买了第一架 F28。

　　第一种 F28 是 65 座的 MK1000，而 MK1000－C 则是一种侧面有装货门的客货两用机。

　　MK1000 之后是加长的 79 座 MK2000，首飞于 1971 年 4 月。较短的 MK3000 和加长的 85 座 MK4000 翼展更大，发动机也更好。MK4000 是最后一种改型机，它于 1976 年末在瑞典投入使用。

　　福科公司共生产了 241 架 F28 飞机。生产于 1986 年末终止，但福科公司继续生产其派生机 F100。现有 150 多架 F28 飞机仍在美国航空公司、斯堪的纳维亚航空公司等公司服务。

福科 100/70

F100 是在 F28 基础上加长的 107 座飞机，采用了新的 Tay 650 型发动机和一个数控"玻璃"座舱。

F100 的开发始于 1983 年。1984 年 7 月瑞士航空公司发出了启动订单。飞机于 1986 年 11 月首飞。1988 年 2 月瑞士航空公司收到首架 F100 产品机。1989 年 3 月美洲航空公司订购了 75 架 F100。这是福科公司历史上最大的一笔订单，F100 也因此大受鼓舞。

尽管福科公司是家荷兰公司，F100 却是国际产品。除选用罗尔斯—罗伊斯发动机外，其机翼也是由北爱尔兰的索特兄弟公司提供的。

1992 年，福科公司决定重新利用老的 F28 机身，并配以 F100 的系统和 Tay 620 型发动机，结果生产了 70～78 座的支线飞机 F70。福科公司 1993 年 6 月启动 F70，1994 年末开始交货。

经过多年亏损之后，福科公司于 1996 年宣布破产，终止了各种商用飞机的生产。福科公司共生产了 274 架 F100 和 47 架 F70，最后一架飞机于 1997 年交货。

F100 的主要用户除美洲航空公司外，还有巴西 TAM 公司、美国航空公司、墨西哥航空公司和韩国航空公司。

伊尔-86

伊尔-86 是伊柳辛设计局设计的四引擎商业喷气式运输机。与空中客车公司 A340 相似，也是典型的吊舱引擎设计。其独一无二的特点是乘客从地面进入机内，再沿固定在机身内侧的阶梯向上进入机舱。该进口区还设有衣物和行李存储箱。

伊尔-86 的设计工作始于 20 世纪 70 年代初。1976 年 12 月首批两架样机试飞。1980 年 12 月，这种飞机在 Aeroflot 公司投入运营，其首条航线是莫斯科至塔什干。在苏联式的单一等级座舱中，伊尔-86 能载客 350 人。

虽然伊尔-86 是苏联制造的第一种宽体飞机，但它并不是特别成功。其 NK-86 型涡轮风扇发动机相对于世界标准来说太陈旧，也从来没有达到其设计航程指标。伊尔-86 飞机共生产了 100 架，其中许多都不能运行。后来只有俄罗斯的一些航空公司使用这种飞机。

由于伊尔-96 迟迟没有面世，因此伊尔-86 得到了延长运营。通用电气公司和斯奈克马（SNECMA）公司后来推出一项用 CFM56 型涡轮风扇发动机改装伊尔-86 飞机的计划，希望使伊尔-86 获得新生，令其航程更远，噪声指标达到第 3 阶段噪声控制要求。

伊尔-96

伊尔-96 是一种四引擎宽体商用喷气式运输机。作为伊尔-86 的后续产品，伊尔-96 与伊尔-86 的区别在于发动机和小机翼更大，机身则稍短一点儿，只能载 300 人。和伊尔-86 一样，伊尔-96 也与空中客车公司的 A340 相似。

伊尔-96 的设计工作开始于 20 世纪 80 年代中期，1988 年 9 月首批 5 架样机试飞。其基本机型伊尔-96-300 于 1992 年底投入运营。

由于财政困难，伊尔-96 的生产量很小。伊尔-96-300 型飞机后来交付俄罗斯国际航空公司等单位并投入运营。

虽然伊尔-96-300 的 Perm PS-90 型发动机已比伊尔-86 的 NK-86 型发动机大有改进，伊柳辛设计局仍在与美国制造商合作，致力于这种飞机的"西化"。伊尔-96M 改型机采用了普拉特—惠特尼的 PW2337 型涡轮风扇发动机和罗克韦尔—柯林斯的电子设备。它的航程比伊尔-96-300 更远，并有一个双人机组飞行舱。还有一种货运改进机，型号为伊尔-96MT。

首架改进的伊尔 96-300 即伊尔-96M 于 1993 年 4 月升空。ARIA 公司订购了伊尔-96M/MT 型飞机。这些订单是以能获得西方认证的为前提提出的，后来由于财政原因认证工作被推迟。

洛克希德 L – 1011 "三星"飞机

L – 1011 "三星"飞机是洛克希德公司惟一的喷气式客机项目。这是一种三引擎中等容量的中程宽体飞机。不幸的是，它恰好和其直接竞争者道格拉斯公司的 DC – 10 同时上市。更糟的是，"三星"的开发过程令人难以置信地痛苦，它使发动机制造商罗尔斯 – 罗伊斯因其全新高旁路 RB. 211 型涡轮风扇发动机存在的问题而陷入破产困境，洛克希德公司自己也因此而衰落到乞求美国政府贷款的地步。

但洛克希德公司迎难而上，在设计工作开始近 5 年之后，首架 L – 1011 飞机于 1970 年 11 月起飞。第一种 L – 1011 飞机即 L – 1011 – 1 于 1972 年 4 月交付东方航空公司。接下来的机型是 L – 1011 – 100、L – 1011 – 200、L – 1011 – 250 和 L – 1011 – 500，其航程逐级加大。L – 1011 – 500 的机身缩短了 4.1 米。

尽管开发上出了问题，但 L－1011 仍然进展神速，包括像 4 套独立的液压控制系统和全天候着陆电子系统等项目的革新。不过，DC－10 还是占了市场的一半，L－1011 的销售量则从未达到期望值。洛克希德公司放弃了市场。

　　到 1984 年 L－1011 停产，总共生产了 250 架。主要用户包括沙特航空公司和德尔塔航空公司等。英国皇家空军则把这种飞机用做空中加油机。

麦道 DC-8

DC-8 是道格拉斯公司（现为波音公司）与波音 707 竞争的产品。四引擎的中远程 DC-8 项目于 1955 年 6 月启动，泛美航空公司第一个订货，1958 年 5 月样机试飞。第一种机型即 10 系列 1959 年 8 月获 FAA 认证，同年 9 月投入运营。

其 10 系列用于国内航线，随后于 1960 年出现了洲际机型 30 系列，最后是超级 61、超级 62 和超级 63 三种大容量远程飞机，均在 1967 年投入使用。到 1972 年 5 月停产时，道格拉斯公司共生产了 556 架 DC-8 飞机。

大多数 DC-8 飞机同波音 707 一样，配备的都是普拉特—惠特尼 JT3D 型发动机。早期的 DC-8 飞机装有普拉特 JT4A 或 JT3C 型发动机，而 40 系列配备的是罗尔斯—罗伊斯的康威发动机。在 20 世纪 80 年代早期，110 架超级 61、超级 62 和超级 63 飞机更新配备 CFM56 发动机后，变成了超级 71、超级 72 和超级 73。

麦道 DC - 9

　　DC - 9 计划开始于 20 世纪 50 年代，是道格拉斯公司（现波音公司）作为远程 DC - 8 飞机的补充而开发的一种 75 座中短程窄体喷气式客机。道格拉斯关于发动机安装在机身后部的双引擎喷气飞机的主意来自法国 Sud—Est 公司（现在的法国航空航天工业公司），该公司的"卡拉维尔"型喷气式客机是第一种采用这种设计方案的飞机。道格拉斯公司 1963 年 4 月启动 DC - 9 计划。

　　第一种 DC - 9 飞机是 10 系列，那是一种 90 座飞机，于 1965 年 11 月获得 FAA 认证，同年 12 月在其启动用户德尔塔航空公司投入使用。接下来开发的是扩展了机翼的 20 系列、119 座的 30 系列和 125 座的 40 系列。另外还有货运、客货两用改型机及美国空军指定设计的军用货运改型机 C - 9。

DC－9 的最后一个机型是加长的 139 座 50 系列，1975 年 8 月投入使用。DC－9 停产于 20 世纪 80 年代早期，但那时道格拉斯开始了 DC－9 超级 80 或 MD－80 的生产（参见本书有关波音公司 MD－80 的一节）。

DC－9 总共生产了 976 架，包括 43 架 C－9。这些飞机大多数仍在继续运营，多在美国各大航空公司服务，也有少数在其他航空公司服务。这种飞机仍很受欢迎。许多航空公司，包括西北航空公司和 AirTran 公司都已采取措施降低了 DC－930 系列的噪声，使其符合第 3 阶段噪声控制要求。

麦道 DC－10

道格拉斯 DC－10 是三引擎的中远程宽体喷气式飞机，载客量为 255 ~ 380 人。DC－10 设计于 20 世纪 60 年代，1968 年由来自美洲航空公司和联合航空公司的订单启动。这种飞机首飞于 1970 年 8 月 29 日，1971 年 7 月获得 FAA 认证，同年 8 月在美洲航空公司投入使用。

DC－10 的第一种机型是 10 系列，它是为美国国内航空运输设计的，由通用电气公司的 CF6 型发动机提供动力。同样由 CV6 提供动力的 30 系列则是第一种洲际机型，还有一种 30ER（扩大航程）系列也已生产。30F 系列是货运改型机，而 10CF 系列和 30CF 系列则是可改装的货运改型机。1972 年底投入使用的 40 系列，采用的是普拉特—惠特尼 JT9D 型发动机。

DC－10 飞机与洛克希德公司的 L－1011 飞机相互竞争，两种飞机在一个只能让一家盈利的市场上你争我夺。但是 DC－10 做得好些，部分归功于美国空军的 KC－10A 加油货运运输机计划。

DC-10 计划结束于 1989 年，总共生产了 446 架飞机，其中有 60 架 KC-10A。许多航空运输公司，包括联合航空公司、美洲航空公司、西北航空公司及日本航空公司等，都仍在使用这种飞机。联邦快递公司则使用 DC-10 货机。

　　在 DC-10 之后，道格拉斯公司又将注意力转向派生的 MD-11（见本书有关波音公司 MD-11 的一节）。

图波列夫 图－154

图－154 是俄罗斯与波音 727 竞争的窄体远程喷气式客机，它有三台后置式发动机和一个"T"形尾翼。同波音 727 一样，图－154 大约能载客 150 人，最多时能达 180 人。根据其能容纳起落架的大机翼整流罩就可以认出图－154 来。

图波列夫设计局于 1966 年开始图－154 计划，用于替代图－104 和伊尔－18。首批 6 架样机试飞于 1968 年 10 月。1972 年 2 月图－154 投入使用。

首批机型为图－154、图 154A 和图－154B，由功率不断提高的库兹涅佐夫 NK－8 型涡轮风扇发动机提供动力。

最后一种机型是图－154M，它装备效率更高的 D－30 型涡轮风扇发动机，机身也作了改进。由一架图－154B－2 改装的图－154M 样机试飞于 1982 年。1984 年 12 月图－154M 开始交货。

到 2000 年初为止，仍有 550 多架图－154 飞机在中国、俄罗斯和一些第三世界国家服务。

图波列夫 图-204

图-204 是由图波列夫设计局设计的窄体双引擎商用运输机。为替代图-154，图-204 能载客 190～214 人，大小同波音 757 和空中客车 A321 差不多一样。

图-204 计划始于 20 世纪 80 年代初。首批 6 架样机试飞于 1989 年 1 月。图-204 货机于 1993 年初开始货运服务。1995 年初获得俄罗斯客机认证。

设在乌里扬诺夫斯克的生产线已生产了少量图-204 飞机。俄罗斯的两家航空公司各有几架在用，俄罗斯政府则有两架这种型号的公务飞机。后来，图-204 的全面生产也因财政困难而推迟了。同伊尔-96 宽体机一样，图-204 也采用 PS-90 型发动机，也有装备西方发动机和电子系统的产品。图-204M 采用罗尔斯—罗伊斯 RB.211-535 型发动机。电子系统包括一个双人机组飞行舱，来自罗克威尔—柯林斯、汉尼维尔和其他西方生产商。

图 –204M 也叫图 –204 –222，1992 年开始飞行测试，后来被埃及空运公司订购。

　　图波列夫设计局后来打算设计一种 160 座的缩短型图 –234 或图 –204 –300 飞机。方案于 1995 年 8 月完成。

安东诺夫 安－38

安－38 是乌克兰安东诺夫公司设计的 26 座双引擎涡轮螺旋桨支线客机，用于短途飞行，是安－28 的加长型。这种飞机为非增压型，有一个后部进货坡道和不能收起的起落架。1991 年，安东诺夫公布了其安－38 设计。

作为当时装备西方发动机和系统的惟一一种俄罗斯涡轮螺旋桨飞机，安－38 十分有名。1993 年 9 月，安东诺夫与联合航空信号公司（后来的汉尼威尔公司）签署协议，在安－38 上使用该公司的电子系统和 TPE331 型发动机。如果装备俄罗斯的 TVD－20 型涡轮螺旋桨发动机，安－38 的价格可以更便宜。

安－38 首飞于 1994 年 6 月，那时已有 5 架在生产。装备 TPE331 型发动机的安－38 于 1997 年 4 月获得俄罗斯认证，安东诺夫还想获得西方的认证。它原计划于 1997 年末让一架装备俄罗斯 TVD－20 型涡轮螺旋桨发动机的安－38 升空，但这种发动机的开发推后了。

安－38 于 1997 年开始交货，其生产在俄罗斯 NAPO 的新西伯利亚工厂进行，由安东诺夫与 NAPO 建立的俄乌合资企业经销。

支线运输机 ATR 42/72

ATR 系列由两种双引擎涡轮螺旋桨支线运输机即法国的 ATR 和意大利的 ATR（分别由法国航空航天工业公司和意大利阿勒尼亚公司开发制造）组成。ATR42 载客 42～50 人，加长的 ATR72 则载客 70～80 人。

该飞机采用带数字控制系统的高机翼增压型设计。从其缩进机身内而不是缩进发动机机舱内的起落架就可把它和其他类似的飞机（福科 50、DHC Dash8）区别开来。

20 世纪 70 年代末，法国航空航天工业公司和意大利阿里塔尼亚（后来的阿勒尼亚）公司都宣布了新支线客机计划。1980 年两家公司决定共同开发，并于 1981 年 10 月按滨海航空公司的订单启动了 ATR42。ATR42 于 1984 年 8 月首飞，1985 年 12 月投入使用。最新的 ATR42 是速度更快的 ATR42－500，它使用了在 ATR72 上使用的 PW127 型发动机。

ATR72 计划开始于 1986 年 1 月，1988 年 10 月样机试飞，一年后在芬兰卡拉尔航空公司投入使用。其 ATR72－500 装备了升级后的发动机，并进行了其他一些改进。

到 2000 年末，ATR 已交货 360 多架 ATR42 和 250 架 ATR72 飞机。ATR 的用户已超过 95 家，包括美洲鹰、大陆快运、欧洲之翼和冠亚等公司。

BAE 系统 748

748 型飞机由英国阿维罗公司（Avro）设计，后被豪克塞德利和英国航空工业公司吸收。748 飞机采用低机翼双涡轮螺旋桨发动机增压型设计，于 20 世纪 50 年代末完成，当时是为了与福科 27 竞争。首批两架样机试飞于 1960 年 6 月，1961 年 12 月获得认证，1962 年投入使用。

748 飞机的 2 系列紧随 1 系列之后出现，于 1961 年 11 月升空。2B 系列的机翼更大，并有其他改进。首飞于 1971 年 12 月的 2C 系列，机身侧面的货运门更大些。其最后机型是超级 748，系在 2B 系列基础上增加新飞行舱而成。

许多支线航空公司都购买了 748 型飞机。这种飞机也用于军队。印度空军购买了 72 架用于运输。英国皇家空军买了 31 架，命名为安多佛 C. Mk1。

到 1987 年停产时为止，共生产了 380 架 748 型飞机，其中 89 架由印度航空有限公司在印度生产。

BAE 系统 ATP/J61

高级涡轮螺旋桨飞机（ATP）是英国航空工业公司在其成功的 748 型飞机基础上开发的。像 748 一样，ATP 是一种增压型涡轮螺旋桨支线飞机。这种飞机能载客 60 ~ 72 人，并采用了新的发动机和电子设备。

ATP 飞机的开发始于 1984 年 3 月，1986 年 8 月一架样机试飞，1988 年 3 月获得欧洲 JAA 认证，同年 4 月 ATP 投入使用。

从一开始，这种飞机就被技术问题所困扰：PW126A 型发动机跟不上发展，不得不用 PW127 型替换；螺旋桨轮毂漏油；飞行控制系统也不完善。

1992 年 10 月，英国航空工业公司将 ATP 飞机项目转到其射流飞机分部，随后这种飞机被重新命名为射流 J61 型飞机。伴随 J61 这个名称而来的是多项升级，包括一个现代化的机舱和改进的 PW127D 型发动机，不过这种飞机并没有接到订单。

ATP 计划于 1995 年初结束，当时英国航空工业公司同意将其支线飞机产品与法国航空航天公司及意大利阿勒尼亚公司的 ATR 飞机合并。作为协议的一部分，英国航空工业公司同意取消 ATP 的生产。最终 ATP 只生产了 60 多架。大用户包括英国航空公司和威斯康星航空公司。公司仍然希望能出售少量升级为 J61 的 ATP 飞机。

BAE 系统 J31/41

射流 31 是英国航空工业公司（现 BAE 系统）生产的涡轮螺旋桨增压型支线客机。射流 41 是射流 31 的加长型，载客 27～29 人。

J31 的设计是在汉德雷佩吉公司射流 1 的基础上进行的。射流 1 首次飞行于 1967 年 8 月，1969 年 6 月交货。汉德雷佩吉公司共为军队生产了约 26 架射流 1 型飞机。

作为后继者的英国航空工业公司于 1978 年决定把这个设计扩展为商用机型，改进后的射流 1 飞机首飞于 1980 年 3 月，1982 年 12 月开始交货。1988 年转型为超级 J31 或 J32。J32 的内部设计升级，起飞重量提高，发动机也更加强劲了。

英国航空工业公司 1988 年首次揭开 J41 的神秘面纱。1989 年 5 月项目启动，1991 年 9 月 J41 首飞，1992 年 11 月获得认证并有首次交货。1997 年，英国航空工业公司决定停止全部射流飞机的生产。这是为新设计的支线喷气飞机和一种为了赚钱而说不清理由的合作愿望而作出的又一个牺牲。该公司共交货约 400 架 J31 和 J32，100 架 J41。其主要用户包括大西洋海岸航空公司、CC 航空公司和共同航空公司。大西洋海岸公司和马恩航空公司等至今仍在使用 J41 飞机。

CASA C-212

C-212空中轿车飞机是非增压型双涡轮螺旋桨多用和客用运输机。由西班牙CASA设计。同时也按许可证在印度尼西亚IPTN生产。C-212的用途包括航空公司客运、货运、军事运输和海事监管。

CASA于20世纪60年代末设计C-212，以取代西班牙过时的DC-3和JU-52运输机。样机首飞于1971年3月。1974年5月开始生产交货。1984年CASA引入了生产型号C-212-300。这种飞机拥有更强劲的发动机、更大的内部空间和更高的起飞重量。后来CASA考虑设计具有数字控制系统的新机型C-212-400。

作为一种客机，C-212能载客26人或24人加一个洗手间。货运型则可以载货2700千克。大多数使用C-212的民用公司都是印度尼西亚的运输公司。如果你要去苏门答腊研究猩猩，那很可能就要乘坐C-212飞机了。

虽然大多数C-212由TPE331型涡轮螺旋桨发动机提供动力，但CASA也提供装有普拉特—惠特尼加拿大PT6A-65B型发动机的C-212P飞机。

CASA已生产了350多架C212飞机，而IPTN则制造了100多架NC-212飞机。两国都仍在继续生产。

德哈维兰德 DHC－6 两栖水獭

如果你去危地马拉某个玛雅寺庙考察，飞机正在低空飞过丛林沿着一条模糊不清的跑道降落，那你很有可能乘坐的就是这种飞机。

不用害怕，你不会被甩出去喂了大蟒。德哈维兰德（DHC）是把两栖水獭飞机作为在各种恶劣条件下都能飞行的多用途运输机制造的。降落场

地不会给它造成问题。这种飞机也可以做成水上飞机，起落架也可以是轮子和划板两用型的。

两栖水獭飞机为双涡轮螺旋桨、高机翼、非增压型设计，能运载 20 名乘客或货物。美国、加拿大和其他国家的军队都把这种飞机用于各种用途。这种飞机的第一种机型是 100 系列，其特点是机头很短。200 系列和 300 系列（最后的机型）从其外观就极易辨认，但 300 的发动机更强劲。

两栖水獭机 1965 年 5 月首飞，1 年之后获得认证并首次交货。到该计划于 1988 年终止时为止，共生产了 844 架这种飞机。由于其结构耐用，许多这种飞机到 21 世纪仍能使用。

德哈维兰德 Dash7

多年来，德哈维兰德（DHC）一直是各飞机公司的哈得孙湾装备厂。DHC-5是一种耐用的军事运输机。Dash6 是地震灾区理想的救援工具。最后，在转向生产传统客机 Dash8 之前，DHC 制造了 Dash7。作为一种四引擎运输机，Dash7 有足够的发动机动力在仅有 685 米长的短跑道上进行短距离起降（STOL）。

Dash7 飞机既能载客（54 人），又能运货，还能客货混装。Dash7 计划开始于 1972 年，1975 年 3 月首飞，1977 年 5 月获得加拿大认证。

Dash7 飞机的第一种机型是 100 系列，接着是更重的 150 系列。相应的货运机型是 101 系列和 151 系列。DHC 原打算生产更先进的机型，包括 70 座加长型的 300 系列，后来都被取消了，部分原因在于 ATR72 等同类型双引擎运输机的出现。

到 20 世纪 80 年代末停产时，DHC 共生产了 111 架 Dash7 飞机，其中大多数都仍在使用中，在地形复杂的机场上大都能看到它们。

德哈维兰德 Dash8

Dash8 是德哈维兰德在加拿大制造的涡轮螺旋桨运输机的最新型号。同 Dash5 和 Dash7 不一样，Dash8 是为有普通机场的支线航空运输公司制造的。采用高机翼、增压型双引擎设计，Dash8 有三种基本机型：30~36 座的 Dash8 - 100、加长型 50~

56 座的 Dash8 - 300 和进一步加长型 70 座的 Dash8 - 400。

Dash8 起初被称做 DashX，Dash8 计划开始于 1978 年。1983 年 4 月 Dash8 - 100 下线，1984 年 12 月投入使用。DHC 还生产 Dash8 - 200，是一种比 Dash8 - 100 快，但比 Dash8 - 300 要更加平民化的飞机，也称 Dash8Q（即"安静"之意）。

1985 年年中，Dash8 - 300 首次面世，1989 年 3 月投入使用。它采用了动力更强大的 PW123B 型发动机。

Dash8 - 100/200 的主要用户包括美国航空快运公司、挪威韦德罗公司和西北航空公司等。加拿大军队将 Dash8 - 100 改称 CC - 142，用于人员和物资的运输。Dash8 - 300 的大用户包括时代航空公司和威斯康星航空公司。到 2000 年，DHC 已生产了 390 多架 Dash8 - 100 和 160 多架 Dash8 - 300。1995 年，DHC 还启动了 Dash8 - 400 的项目，那是一种进一步加长型飞机，并采用新型发动机，能载客 70~78 人以 6~48 千米/小时的速度飞行。2000 年 2 月，Dash8 - 400 开始向 SAS 通勤者公司交货。

多尼尔228

多尼尔228是用于航班飞行和通用型的15～19座非增压双涡轮螺旋桨运输机，能短距离起降（STOL），由多尼尔公司（后来的费尔钱德—多尼尔公司）制造。

多尼尔228飞机的设计工作开始于20世纪70年代中期，和多尼尔公司的新技术项目TNT机翼的开发工作一起进行。这种飞机1981年8月样机试飞，1982年8月投入使用。

多尼尔228的基本型是15座的多尼尔228-1000机身加长的多尼尔228-200能载客19人。最新的型号是多尼尔228-212，其引擎更有力。多尼尔228-212飞机于1990年7月获得认证。多尼尔228还有用于海上巡逻、传感器平台、货物运输、救护等用途的改型机。

到20世纪90年代末停产为止，多尼尔公司已交付了220架多尼尔228飞机，其中大约有75架被政府和公司使用，航空公司选用的较少。非洲的DANA航空公司是其惟一的大用户，拥有17架多尼尔228飞机。

多尼尔228还以许可证方式在印度由印度航空有限公司生产。迄今为止，它大约生产了40架。其中3架被Vayudoot航空公司使用，但大多数是由政府和军队使用。

道格拉斯 DC - 3

道格拉斯 DC - 3 飞机为民用航空事业开创了全新的局面。有了它的帮助，航空运营才变得有利可图，进入了航空运输的现代时期。这种飞机那漂亮和让人一眼就能认出的艺术外

观设计特征，掩盖了其可收缩起落架等许多项重要的技术革新。DC - 3 可载客 28～36 人，4 人一排。

DC - 3 飞机 60 年的历史简述如下：1932 年开始开发，1935 年首飞，1936 年取得认证并在美洲航空公司投入运营。总共生产了 10926 架，不包括俄罗斯仿造的。

在这些飞机中，有 1 万多架用于军事运输，在美国被称做 C - 47 空中列车，而在英国皇家空军（RAF）则被叫做达科他（Dakota）。如果你在二战中当过伞兵，那你就很可能从这种飞机中跳出过。当战后这些飞机不再用于军队时，它们就变成了几乎每个航空公司的运输工具。

事实上，DC - 3 还拥有一批同等重要的"同伴"，包括派生出 DC - 3 但比 DC - 3 小的 DC - 2 和波音 247 飞机。但 DC - 3 几乎获得了永生。与其他飞机不同，现在仍有数百架 DC - 3 被用于军事和商业服务中。

敏锐的读者可能注意到，本书只介绍涡轮动力飞机，但 DC - 3 是例外，因为它有数种涡轮螺旋桨发动机翻新改进计划。南非空军后来将其 27 架飞机用普拉特—惠特尼加拿大 PT6A 型发动机进行了改进。DC - 3 的商业用户包括加拿大 Skycraft 公司和马尼托巴航空公司。

英布拉尔 EMB – 110

英布拉尔 EMB – 110 是军民两用的双涡轮螺旋桨运输机。采用非增压型低机翼设计，可缩回式起落架。EMB – 110 是巴西生产的第一种运输机，可改装成货机、教练机或者载客 18～21 人的支线飞机。

EMB – 110 由巴西政府的研究与开发机构（IRD）开发。1968 年 10 月，首批 3 架样机试飞。

此后，EMB – 110 飞机的故事也就是英布拉尔公司的故事。该公司 1969 年为生产 EMB – 110 而创建，主要是为巴西空军服务。1973 年巴西空军收到第一架 EMB – 110，最终大约买了 140 架。这种飞机也可作为海上巡逻飞机生产，型号为 EMB – 111。

其最后的产品是 EMB – 110P1A 和 EMB – 110P2A。这种飞机于 1983 年 12 月首次交货，以柯林斯电子飞行仪器系统（EFIS）和改进的横尾翼为特征。

EMB – 110 生产线于 20 世纪 80 年代末关闭，共生产飞机 475 架以上。英布拉尔公司原计划以 19 座的 CBA – 123 涡轮螺旋桨飞机替代 EMB – 110，但 20 世纪 90 年代初该计划取消了。

到 2000 年，仍有 200 多架 EMB – 110 作为客机使用。这种飞机主要是少量地在偏远地区使用，例如亚马孙地区和澳大利亚的内陆地区等。

英布拉尔 EMB – 120

EMB – 120 巴西利亚飞机为巴西英布拉尔公司制造的 30 座双涡轮螺旋桨支线飞机。这种飞机采用低机翼增压型设计、可缩回起落架和数字控制系统，使其能与 DHC 的 Dash8 – 10、BAE 公司的 J41 和萨布 340 相竞争。

EMB – 120 计划开始于 20 世纪 80 年代初，1983 年 7 月样机试飞，1985 年 5 月巴西 CTA 予以认证，1985 年 8 月这种飞机投入使用。

1986 年末，英布拉尔公司推出了装备升级换代的 PW118A 型发动机的高温高空型改型机。英布拉尔制造了客货两用的 EMB – 120QC 和扩大航程的 EMB – 120ER 两种机型。最后在 1994 年，英布拉尔又推出了高级 EMB – 120ER，它的推进器更安静，机内设施更完善，同时还有其他升级改进之处。

英布拉尔公司还以巴西利亚机身为基础，开发了两种新飞机。ERJ – 145 支线喷气机采用了加长的 EMB – 120 机身，19 座涡轮螺旋桨飞机 CBA – 123 则采用朝后的发动机和缩短了的 EMB – 120 机身。后来项目被搁置。

由于人们对支线飞机的偏爱日益增长（特别是英布拉尔自己的 ERJ – 135），英布拉尔公司于 1999 年试验性地停止了 EMB – 120 的生产，此前共交付使用 350 架飞机。大多数 EMB – 120 都进入了北美的支线航空公司。其中的大用户包括 Comair 公司、大西洋东南公司、大陆快运公司和 Skylwest 公司。

费尔钱德 米特罗

费尔钱德的米特罗飞机是用于支线航空和公用事业的 19～20 座增压型双涡轮螺旋桨飞机，与雷声公司的 1900 飞机相竞争。米特罗飞机于 20 世纪 60 年代由伊德·斯威灵根创造，也称 SA227。其设计特点是采用窄长的"飞行雪茄"机身。1972 年费尔钱德工业集团买下了该设计。

最早的米特罗飞机于 1969 年 8 月首飞，1970 年 7 月投入使用。1974 年出现米特罗Ⅱ，1980 年米特罗Ⅲ推出。说来奇怪，米特罗Ⅱ飞机的尾部有一个可选择的小火箭部件，以帮助飞机在高温高海拔条件下起飞。其最后的机型为米特罗 23，是米特罗Ⅲ的一种改型机。

到 2000 年末停产时，共生产了 1000 多架米特罗飞机。米特罗飞机主要用于支线航空公司，如墨西哥航空公司和奥地利的 euroSKY 公司等。有一种供公司企业用的机型称作莫林 23（Merlin 23）。还有一种货运改型机，称作 Expediter（送货员），UPS 和 DHL 公司都使用这种飞机。

美国军方也使用米特罗飞机，命名为 C-26，用于人员输送、货物运输和伤员疏散。费尔钱德和洛克希德马丁公司正在推销其多任务侦察机（MMSA），那是一种带各种军事侦察传感器的米特罗改型机。

福科 27

F27 "友谊"号飞机是 20 世纪 50 年代初福科公司设计的一种双涡轮螺旋桨增压型高机翼运输机。为取代道格拉斯的 DC－3 飞机，1953 年在荷兰政府的支持下启动了该计划。首批两架样机于 1955 年 11 月试飞，1958 年 11 月 44 座的 F27 Mk100 投入使用。

为了有利于打入美国市场，福科公司与费尔钱德公司达成许可证生产协议。1958～1970 年间，费尔钱德公司在马里兰州哈格斯顿生产 F27 及其加长型机 FH－227。费尔钱德公司也生产一种公司企业使用的改型机 F27F。

福科公司制造了许多种 F27 的改型机。F27 Mk200 以升级的达尔特发动机为特征，Mk300 则为客货两用机。Mk400/600 增加一个货舱门及其他改进，还包括更先进的发动机。Mk500 是一种 52 座的加长型改型机，首飞于 1967 年 11 月。

军用 F27 飞机有 F27M 运兵舰（一种军用运输机）和 F27 海上飞机、F27 海上加强机（两种海军巡逻改型机）。

1987 年初，福科公司终止了 F27 计划，总共生产了 579 架福科制造的飞机和 128 架费尔钱德制造的飞机。F27 是战后欧洲最成功的涡轮螺旋桨运输机。同其竞争对手 BAE 系统的 748 飞机一样，F27 飞机也在采用新技术后重新面世，型号为 F50。

福科 50

福科公司是把 F50 作为使 F27
现代化的后续产品开发的。F50 的
尺寸与 F27 相同，但装备了新的发
动机控制系统和其他系统。罗尔斯
—罗伊斯达尔特发动机已被普拉特
—惠特尼加拿大 PW125B 型发动机
替代，而且拥有了电子飞行仪器系统（EFIS）。

F50 计划开始于 1983 年 11 月，1985 年 12 月 F50 首飞。首家客户 DLT
（即现在的汉莎城市运输公司）于 1987 年 8 月收到其首架 F50 飞机。

F50 飞机的基础型为 F50 – 100 系列，还有一种装备 PW127B 型涡轮螺旋
桨发动机、性能更优的改型机。福科公司也生产过 F50 海上巡逻机，名叫海
上加强型 Mk. 2，还有其他各种军用的 F50 改型机。

福科还生产 F60，那是荷兰空军订购的一种 58 座加长型飞机。它的机身
右侧有一个大型货舱门。1996 年有 4 架这样的飞机交付使用。

经过几年亏损后，福科公司于 1996 年宣告破产，停止了各种商用飞机的
生产。福科公司总共有 211 架 F50 交付使用，其中最后一架是在 1997 年交货
的。F50 的主要用户包括马来西亚航空公司等。F50 是惟一没有打入北美市场
的新一代涡轮螺旋桨飞机。

哈尔滨 运 - 12

运 - 12 是中国哈尔滨飞机制造公司生产的双涡轮螺旋桨通用飞机。假如你认为皮拉土斯"布莱滕—诺曼岛人"飞机或 DHC - 6 两栖水獭飞机太奢华，那你一定会喜爱运 - 12。坚固、非增压型设计加带支撑的高机翼和不能缩回的起落架，运

- 12 飞机就像一位勇士一样。运 - 12 飞机的一般用途包括运送旅客（18 ~ 19 人）、运输货物和飞播作物等。

装备了中国造发动机的运 - 12 飞机于 1982 年首飞，但装备普拉特—惠特尼加拿大发动机的现行运 - 12 飞机到 1984 年 8 月才首飞，这种飞机 1985 年底获得中国航空认证。

到 2000 年，哈飞已交货约 100 架运 - 12 飞机，其中约 20 架被中国西南航空公司等中国航空公司采用，60 多架为出口生产的飞机则流向了第三世界国家的航空公司，如蒙古航空公司、尼泊尔航空公司和老挝航空公司。

尽管运 - 12 飞机装备了西方生产的发动机和其他系统，仍然很少出口到西方国家，主要是因为它没取得 FAA 认证。但哈飞后来又开发了一种新机型即运 - 12 - 4，它的翼梢、制动器和起落架都是新型的。哈飞希望这种机型能在国外市场上获得更大成功。

伊尔－114

伊尔－114 飞机是伊柳辛设计局设计的增压型双涡轮螺旋桨飞机，有 60～70 个座位。伊尔－114 采用低机翼设计，其尺寸及构造与 BAE 系统的 ATP 飞机相同。

为了寻找一个可替代安东诺夫设计局的安－24 飞机的新产品，伊柳辛设计局从 1985 年开始着手伊尔－114 的开发工作。这种机型选用克里莫夫 TV7 型发动机，并采用数字式航空电子设备。

1990 年 3 月，第一架样机开始试飞。1993 年 7 月，5 架样机中的一架坠毁，但伊柳辛设计局坚持不懈。最后把 8 架伊尔－114 送到莫斯科接受认证和进行训练。

少量伊尔－114 后来在乌兹别克斯坦的塔什干主生产线上被制造出来。伊尔－114 的生产却因困扰大部分俄罗斯国家航空工业的财政危机而停顿。伊柳辛设计局后来声称，接到超过 80 架的伊尔－114 订单，其中包括乌兹别克斯坦航空公司的 10 架。

1990 年，伊柳辛设计局就以伊尔－114 机身为基础制造新机型 CASA 3000 的问题同西班牙的 CASA 举行会谈。此事虽然未果，但是当时计划生产一个西方化的伊尔－114 新版本，即采用普拉特—惠特尼加拿大发动机的伊尔－114 诞生。这种飞机称为伊尔－114PC。

伊柳辛设计局后来又打算设计一种伊尔－114 的 32 座缩短机型，命名为伊尔－112。希望能替代在俄罗斯服役的莱特 L－610 飞机。

莱特 L–410

L–410 是一种非增压型 19 座双涡轮螺旋桨发动机运输机，由捷克共和国的莱特飞机制造厂（后归属美国的 Ayres 公司）设计和生产。L–410 为高机翼设计，主要用于客运。

L–410 的设计原型为 XL–410，于 1969 年 4 月首飞。1971 年末，L–410A 飞机开始为斯洛伐克航空公司服务，采用的是普拉特—惠特尼加拿大 PT6A–27 型发动机。莱特工厂共生产了 31 架 L–410A 飞机。

1973 年，L–410M 取代了 L–410A，它是捷克 M610 型涡轮螺旋桨发动机在飞机上的首次应用。从东欧的飞机制造厂都迫切地想把西方的发动机用到他们飞机上的时代回顾当时的情况，L–410M 的出现应当被视作一个大大的后退。

最后生产的机型为 L–410UVP–E，于 1983 年末始飞。该型飞机采用升级后的发动机，内部设计上也有一定改进。外形上看，它的油箱挂在翼尖上是一个显著特征。

L–410 飞机于 20 世纪 90 年代初期停产，共生产近 1050 架。大约 885 架为俄罗斯民用航空总局所有，其中相当一部分服役了很长时间。第三世界国家为 L–410 飞机的另外一部分客户，尤其是拉美和非洲国家。

L–410 飞机后来计划以 L–420 的型号获得新生。L–420 飞机采用改进的 M601F 型发动机和新型内部设计，其他方面也进行了升级。通用电气公司在发动机的改进方面与其进行合作。莱特工厂希望 L–420 飞机能得到西方的认证。

莱特 L - 610

L - 610 是增压型 40 座双涡轮螺旋桨发动机的运输机，由捷克共和国的莱特飞机制造厂（后归属美国的 Ayres 公司）设计和生产。莱特工厂从 1986 年开始 L - 610 的设计，主要是为了满足俄罗斯民用航空总局生产 YAK - 40/AN - 24 飞机替代产品的要求。

第一种机型为 L - 610M，采用 Moterlet 的 M602 型涡轮螺旋桨发动机，于 1988 年 12 月首飞。莱特工厂 1991 年开始生产 L - 610M，但在生产出 5 架之后停产。制造商坚持要求用硬通货作为支付手段，而俄罗斯民用航空总局拒绝了这一要求，俄罗斯也没有为其办理认证手续。

面对这一现实，莱特工厂开始努力使 L - 610 适合西方市场的口味。1990 年 1 月，莱特工厂与通用电气公司签署协议，由其提供 L - 610G 上使用的 CT7 型涡轮螺旋桨发动机。第二年，莱特工厂又与罗克威尔—柯林斯公司签订协议，由其提供 L - 610G 上使用的 Pro Line II 型电子设备。其他西方分包商也参与其中，包括卢卡斯航空、维克斯和汉密尔顿—桑德斯特兰德。当 Ayres 于 1998 年接管莱特工厂时，L - 610G 更名为 Ayres 7000。

L - 610G 于 1992 年下半年试飞，只生产了两架样机。此后生产没有进一步进行，也没有确定的订单，尽管当时 Ayres 曾声称已从布隆迪获得了两架飞机的订单。

洛克希德—马丁 L‑100

L‑100 飞机是洛克希德受欢迎的 C‑130 大力士军用运输机的民用型。这种飞机采用高机翼和四涡轮螺旋桨设计，可载货或搭乘 80～120 名乘客起飞。L‑100 有内部货物处理设备，并有一个 4 人飞行机组。

尽管 C‑130 系列早在 1954 年就开始飞行，L‑100 的首次样机试飞却是在 1964 年 4 月进行的，获得 FAA 认证的时间是 1965 年 2 月。L‑100 的公司命名为 382 型。

已经生产了大约 115 架 L‑100 飞机，大多数是作为货运使用。其中有 29 架为 L‑100‑20（在原型 L‑100 的基础上加长 2.5 米），78 架为 L‑100‑30（比 L‑100 长 4.5 米）。这是截止到 2000 年的数据，并包括迄今已生产的 C‑130 架。

主要的 L‑100 用户包括美国的南方航空运输公司和南非的 Safair 货运公司。沙特阿拉伯政府拥有 5 架 L‑100‑30HS 型飞机，这是一种设备齐全并配有手术室的飞行医院。除上述三大用户外，其余 25 个左右的 L‑100 用户大多数只拥有 1～4 架飞机。

洛克希德—马丁公司还开发了 L‑100J 型飞机，这种飞机配备罗尔斯—罗伊斯（联合）AE2100D3 型发动机、一个双人驾驶座舱和一个可选择的侧面货舱门。L‑100J 在外观上和 L‑100‑30 很相似，和军用的 C‑130 一样都可以随时供货。

雷声 1900

1900 型飞机是雷声公司的比奇（Beech）企业制造的一种 19 座增压型双涡轮螺旋桨飞机。比奇企业于 1979 年开始。1900 飞机的开发，是作为其 1975 年停产的 15 座运输机 C99 的后续产品来开发的。1900 飞机首飞于 1982 年 9 月，1984 年 2 月投入使用。1900 飞机的机身是根据超级国王气派 200 的机身设计的（参见本书有关国王气派飞机的介绍）。

大多数 1900 飞机都由地区性运输公司使用，尤其是 Mesa 航空公司。Mesa 公司已订购了 100 多架这种飞机，用在其"联合快运"、中西航空（Air Midwest）和 Skyway 等分支企业中。不过，其中也有一些被作为新型 30 座支线喷气飞机出售并投入使用。

这种飞机还被作为商务运输机用，最突出的企业是 Mobile Corporation。有些空军部队用这种飞机来完成运输任务，美国空中国民警卫队则把这种飞机用于电子监视目的，并命名为 C－12J。

在转产远程的 1900D 机型之前，比奇企业共生产了 255 架 1900 飞机（多为 1900C）。1900D 飞机于 1991 年年末投入使用，其外形上的突出特点是翼梢。这种飞机还有一种"湿"翼（即有一体化的油箱而不是油囊）和电子飞行仪系统（EFIS）。最重要的是，1900D 的中心天花板比其他 1900 飞机要高 35.6 厘米，因此你可以在舱内站起来而不会撞头。

萨布 340

340 型飞机是一种 30 ~ 37 座的支线客机，由瑞典的萨布（saab）公司制造。这种飞机原来是和费尔钱德公司共同设计的，当时的型号是 SF340A。后来费尔钱德公司于 1985 年脱离该合资项目，SF340 便变成了萨布 340。

该项目开始于 1980 年，1983 年 1 月样机首飞。340 飞机投入使用是在 1984 年 6 月。这种飞机目前的生产机型为 340B，首飞于 1989 年 4 月，特点是装备了更新换代的 CT7 型发动机，航程和有效载荷也有改进。

作为一种双涡轮螺旋桨增压型设计，340 飞机可按货运和行政公务用机的不同机型供货。萨布公司还开发过一种加长的改型机，这个机型后来成了萨布 2000 的核心。

340 飞机后来又开发出一种新的功能，即作为装备雷达的空中预警平台。瑞典空军 1993 年订购了 5 架这样的飞机。这种型号为 340AEW 的飞机得到了矩形的 Erieye 大型雷达的认可，这种雷达是安装在机身上面的。

经过几年亏损之后，萨布公司 1997 年末决定停止各种支线飞机的生产。总计 455 架 340 飞机（包括 159 架 340A 和 296 架 340B）中的最后一架于 1999 年交货。开发 340C 的计划被终止了。后来大多数 340 飞机仍在使用。主要用户包括 AMR 的鹰网络、商业快运公司、空中快运公司、Mesabe 公司、十字航空公司、Skyways 公司和 Comair 公司。

萨布 2000

萨布 2000 系由萨布 340 派生而来，是一种双涡轮螺旋桨支线运输机。2000 型飞机的机身较长，能坐 50～58 位乘客，机翼尺寸比 340 型飞机的要大 33%。这种飞机还配备了功率较大的罗尔斯—罗伊斯（联合）AE2100 型发动机，使它有更远的航程和更高的速度，或者用萨布公司的话来说，有"接近喷气飞机的性能"。

2000 型飞机细长，也是机头向下倾斜。它的特点是采用 6 桨叶慢转动后掠式推进器。其客舱门和标准的登机道一致，能避免慌乱的乘客在停机坪上的飞机边往返奔跑。

萨布公司 1988 年 12 月开始开发 2000 型飞机，第一批 3 架试验机于 1992 年 3 月试飞。2000 型飞机于 1994 年 3 月获得欧洲的 JAA 认证，一个月后又获得美国 FAA 认证。1994 年 8 月瑞士的十字航空公司（crossair）收到第一批 20 架萨布 2000 型飞机。除十字航空公司外，还有各区域航空公司和马绍尔群岛航空公司等也订购了 2000 型飞机。

经过几年亏损之后，萨布公司于 1997 年末决定停止生产各种支线飞机。萨布 2000 是一种成本很高的飞机，其成本几乎和取代它的喷气式支线飞机相同。最后一批 63 架萨布 2000 飞机于 1999 年交货。

索特 330/360

这是北爱尔兰的索特兄弟公司设计和制造的最后一种飞机，索特 330 和 360 型飞机均为增压型双涡轮螺旋桨客机和多用飞机。无论是采用箱式机身设计还是高机翼设计，都配备普拉特—惠特尼加拿大的 PT6A 型发动机。330 能乘坐 30 位乘客，360 则能坐 36 位乘客。

330 项目是 20 世纪 70 年代初作为索特公司 Skyvan 多用飞机的派生产品开始的。第一种机型为 330-200，1976 年 8 月投入使用。360 是 330-200 的加长型，首飞于 1981 年 6 月，1982 年 12 月投入使用。索特公司曾有过把 360 再加长成为 450 的计划，但后来又放弃了。

大多数 330 飞机都被军队用户购买去了。美国空军和国防部队拥有 30 多架 330 飞机的货运改型机，他们命名为 C-23 夏尔巴。360 型飞机则在最新一代增压型涡轮螺旋桨飞机（DHC-8-100、萨布 340、ATR42 等）于 20 世纪 80 年代中期出现之前一直很受市郊空运公司（Commuter Operators）的欢迎。主要的 360 用户包括商业快运公司、空中快运公司、CCAir 和 Flagship。美国军事部门也购买了一些二手的 360 飞机，改装成 C-23 用。

330 飞机于 1989 年停止生产，360 飞机则一直拖延到 1991 年才停产。总计生产了 179 架 330 飞机和 164 架 360 飞机，其中大多数现仍在服务。索特公司也还在继续为这种飞机提供支持性服务。索特公司现在已归加拿大的鲍巴蒂尔公司所有，但仍作为一家飞机转包商和火箭制造商在从事经营。

西安 运 – 7

运 – 7 飞机是安 – 24 的仿制产品，由中国西安飞机制造公司制造。和安 – 24 一样，运 – 7 也是一种 48 ~ 52 座的高机翼双涡轮螺旋桨运输机。这种飞机也用作货运飞机。

运 – 7 飞机的开发过程相当简单：西安公司拿来一架安 – 24，把它解体，然后用逆向工程法再造。中国也用波音 707 做过同样的工作，但没有成功。

第一批 3 架运 – 7 样机于 1970 年 12 月试飞，1980 年获得中国认证。第一种机型即运 – 7 在 1984 年初投入使用。后来又生产了运 – 7 – 100，这种机型增加了小机翼，其他方面也作了改进。运 – 7 – 100 有一个 3 人机组飞行舱，这是对运 – 7 飞机的一项重大改进。很滑稽的是，运 – 7 飞机需要 5 位机组成员。

到 2000 年，西安飞机公司已生产了大约 100 架运 – 7 飞机。运 – 7 的生产仍在继续，并且西安飞机公司还开始了运 – 7H 项目的开发，这是一种和安 – 26 有密切关系的派出产品。首架运 – 7H 于 1988 年试飞。其他的运 – 7 派生机型还有装备了普拉特—惠特尼加拿大发动机和西方电子设备的运 – 7 – 200。

运 – 7 飞机主要在中国使用，其国家航空公司把这种飞机用于支线航班。当时的中国的北方航空公司和东方航空公司各约拥有过 10 架这种飞机。中国航空公司拥有 6 架。还有少量出口，包括出口到老挝的 3 架。

BAE 系统 125

125 是一种双引擎中型商用喷气飞机系列。像许多战后的英国飞机一样，125 系列也有其复杂的出身。它本来是以德哈维兰德 125 的名字问世的，后来又变成豪克希德利 125，再后来又被英国航空工业公司（现 BAE 系统）吸收。

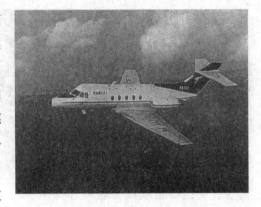

125 型飞机首飞于 1962 年。这种飞机有许多早期的机型，包括 125－1、125－1A、125－1B、125－2、125－3 和 125－3A 等等。其中大多数都是小批量生产。后来生产了 125－400 和 125－600，其中 125－600 采用的是一种加长机身，最多可以坐 14 位乘客（标准数为 6~8 人）。

所有这些机型均以罗尔斯—罗伊斯 Viper 型涡轮喷气发动机为动力。英国皇家空军把 125－2 型飞机用作牧师 T1 型飞行教练机和 CC1、CC2 型通讯飞机。

125 系列中的下一个机型为 125－700，这是该系列中装备加里特（现汉尼威尔）TFE731－3 型涡轮风扇发动机的第一种机型。125－700 的另外一个识别特征是其长而尖的机头前端（鼻子）。这种机型首飞于 1976 年 6 月，1977 年开始服务。

英国航空工业公司共生产了 573 架 125 型飞机，包括 215 架 125－700，和 72 架 125－600。1984 年 125 飞机停止生产，但这种型号又发展成 125－800，即后来雷声公司的豪克 800 型。

贝尔/阿古斯塔 BA609

BA609 是一种 9 座民用倾斜旋翼（CTR）飞机，由贝尔公司（原和波音公司联合）设计。贝尔公司也是 V-22 型倾斜旋翼军用运输机的合作制造商。BA609 飞机的尺寸是 V-22 飞机的一半，用于多种用途，包括近海航行、特快专递、缉毒、公司执行官或政要服务和海岸警卫等。

贝尔公司和波音公司关于开发一种民用倾斜旋翼飞机的想法由来已久。在经过 40 年的倾斜旋翼研究之后，贝尔公司和波音公司于 1995 年开始确定其 D-600 飞机设计方案。1996 年 11 月，贝尔和波音公司在美国全国商业飞机协会（NBAA）例会上联合推出了其最后的 CTR 设计方案即 609 飞机。

两个公司当时计划试制 4 架飞行试验飞机，首飞时间在 2000 年末（比最初计划的时间推迟 18 个月）。认证和首批交货在 2002 年年中进行。贝尔公司宣称它已拥有约 80 架飞机的订单。

波音公司于 1998 年脱离了该项目，从此贝尔公司便全面控制这项工作。贝尔公司由此成为 609 飞机开发计划的惟一主要承包商，但他们在 1998 年 9 月与阿古斯塔达成一项由阿古斯塔公司为欧洲客户组装 609 飞机的协议，因此现在把 609 飞机称作 BA609。阿古斯塔还可能会承担其他责任。

贝尔公司还在开发一种 609 飞机的军用机型，称作 HV-609。这个机型在 2003 年初开始供货。

鲍巴蒂尔 挑战者

挑战者是一种双涡轮风扇发动机的大型、远程商用喷气机，由鲍巴蒂尔（Bombardier）公司的加拿大分部制造。其第一种机型即 600 型配备的是 Ly-comingALF502 型发动机。这种飞机于 1978 年升空，但到 1980 年初就被配备通用电气 CF34 型

发动机的挑战者 601 型所取代。各种后续机型都一直沿用 CF34 型发动机。

和湾流Ⅳ和猎鹰 900 两种飞机一样，挑战者在商用喷气机市场上也属于高价品种。摇滚歌星、产油富裕国家的政府部长和进行宗教电视广播的福音传道者们喜欢这种飞机，希望借此来避开那些降临到波音 747 经济舱的事故。换取这种内心宁静的代价是：每架挑战者飞机 2500 万美元。

除了富有的公司和个人之外，挑战者飞机还被军方用来承担某些任务。加拿大空军用了 3 架这样的飞机进行电子战训练，德国空军则把挑战者飞机用作战时流动医院和运输机。

1996 年引入的挑战者 604，其特点是机身和起落架作了改进，续航能力也更佳。此外，加拿大航空公司当时计划生产规模更大和航程更远的"环球快车"飞机，这样就把市场上的某些高价产品接过去了。

鲍巴蒂尔 CL－415

加拿大航空公司的 CL－415 是惟一专门为救火而设计的两栖式西方飞机。其任务是降落在湖泊中取水，然后把水洒到起火的森林中。这种飞机的特点是有一套带泡沫式化学喷射剂的四箱式的灭火系统。

CL－415 飞机也能利用可收回的起落架在地面起降。这种飞机很好识别，它有一个船式机身和装有上固定式机舱与水浮筒挂架（water float pylon）的高机翼。

CL－415 是 CL－215 的涡轮螺旋桨机型，CL－215 是加拿大航空公司在 1969～1990 年间制造的一种采用活塞动力设计方案的飞机。共生产过 125 架 CL－215，大多数由加拿大各省政府、法国、希腊和西班牙使用。

有一些 CL－215 飞机经改装 CL－415 的 PWl23AF 型发动机后，成为 CL－215T。这种转化成 CL－215T 的套件已被西班牙政府和加拿大的魁北克省政府订购。

CL－415 飞机项目是 1991 年 10 月根据法国和加拿大魁北克省政府的订单而启动的，1993 年 12 月作处女航。交付使用则是从 1994 年 4 月开始的。

加拿大航空公司宣传 CL－415 飞机可有许多其他功能，包括监视和海上救援。虽然当时未接到作这种功能使用的飞机订单，但 CL－415 的生产一直在继续。1994 年 9 月，受火灾困扰的洛杉矶市租赁了一架 CL－215T 进行试验。

鲍巴蒂尔　大陆喷气机

鲍巴蒂尔公司的大陆喷气机将是一种"超级中型"8座双引擎商用喷气飞机，设计目的是要填补鲍巴蒂尔产品系列中介于60型利尔JET和挑战者604之间的空档。

在1998年10月于内华达州拉斯维加斯召开的美国全国商

业飞机协会例会上宣布的这种大陆喷气机是鲍巴蒂尔公司为占领新的"超级中型"市场龛位而做出的努力。在这个市场龛位中还有达素特公司的猎鹰50、银河航空公司的"银河"、雷声的公司的"地平线"和西斯纳公司的"嘉奖X"等机型。尽管有重量稍轻、机身较短和最大速度较低的区别，这种飞机的外形尺寸还是和挑战者系列商用喷气机大致相同。这是采用汉尼威尔公司推出的AS900系列涡轮风扇发动机的第一种商用喷气飞机。

大陆喷气机于1998年8月进入"联合概念定义阶段"。1999年6月，鲍巴蒂尔公司在巴黎航空展上正式启动了大陆喷气机项目。当时计划2001年年中进行首飞，2002年9月进行认证和交货。

该项目的开发成本当时预计约为5亿加拿大元，其风险共担的合作伙伴将承担不超过一半的费用。这些合作伙伴包括汉尼威尔公司、罗克维尔公司、三菱公司和中国台湾的航空工业开发中心，还有其他单位。鲍巴蒂尔公司的利尔JET企业负责这种飞机的最后装配工作。

鲍巴蒂尔　环球快车

"环球快车"飞机是"挑战者"的一种新型高档商用喷气飞机派生产品，是按超远航程飞行（飞越太平洋）的要求设计的。它采用超临界的机翼，飞行速度达0.88马赫。这种飞机和鲍巴蒂尔的RJ型客机有相同的舱长和湾流的GV型飞机直接竞争。

环球快车在1993年2月进入设计工作的高级阶段。同年3月，选定罗尔斯—罗伊斯/BMW的BR710型发动机作为环球快车的动力（和GV飞机的发动机相同）。9月，日本三菱公司签署风险共担的协议，份额占到这种飞机开发成本的20%。三菱公司负责制造机翼和中心机身部分。汉尼威尔公司则负责提供全套电子设备。

1993年9月20日，鲍巴蒂尔公司正式启动了这个项目（这也成为以公司名称冠名的第一种飞机）。公司本来希望在项目启动之前能拿到40架的订单。但后来只落实了30架，另有8架是选购。环球快车的售价约为4000万美元。

1996年10月，这种飞机首飞，接着于1998年7月获得加拿大认证，并于1999年7月首批交货。

1999年6月，环球快车飞机被选中作为皇家空军的"空中远距离雷达"（ASTOR）。军方购买了5架装有先进搜索雷达的这种飞机，从2005年开始交货。到2000年年底，已有近70架飞机交付使用。

西斯纳　大篷车

西斯纳公司的 208 大篷车飞机是采用坚固的高机翼非增压型单涡轮螺旋桨发动机设计方案，供作商务和公用运输之用。其加长型称作 208B 大篷车 1B。大篷车 I 的同代产品大篷车 II 由法国兰斯航空公司生产，是一种能乘载 6～9 人的商用飞机。

西斯纳公司是把大篷车飞机作为其早期活塞动力多用飞机（西斯纳 180、185 和 206）的后续产品开发的。大篷车飞机也称"货运班长"，首飞于 1982 年 12 月。1984 年 10 月获得认证，1985 年 2 月开始供货。

大篷车虽然也能坐 9～14 位乘客，但主要是用来运送小件包裹。后来，联邦快递公司一直是它的最大客户。该公司 1983 年 9 月发出其第一份订单，已经订购了大约 250 架大篷车飞机。其中大多数是大篷车 1B 型。巴西的 TAM 公司是大篷车飞机的第二大用户。

速度更快的大篷车 II 于 1983 年 9 月首飞，1985 年 4 月开始交货。兰斯航空公司只生产了少量的大篷车 II，到 2000 年年底为止，已交付使用的尚不足 100 架。

西斯纳公司后来仍在继续生产大篷车飞机，截至 2000 年末，他们已交货的飞机超过 1100 架。

西斯纳　嘉奖500、嘉奖 I、嘉奖 JET

嘉奖500、嘉奖 I、嘉奖 JET 都是嘉奖商用喷气飞机系列中属于入门水平的机型。西斯纳公司1968年10月公布了其开发一种新型8座商用喷气机的设想。这便是嘉奖500，是嘉奖系列中的第一个机型。

嘉奖500于1969年9月首飞，1972年2月获得认证，20世纪70年代末停止生产，其后续产品便是嘉奖 I。

嘉奖 I 于1976年9月和嘉奖 II、嘉奖 III 一起引入。嘉奖 I 于1976年12月获得认证。到1985年停止生产嘉奖 I 时为止，公司共生产了698架嘉奖500和嘉奖 I 型飞机。

嘉奖 JET 是最小的嘉奖型飞机，只能供6人乘坐。嘉奖 JET 又称"嘉奖525"，它是配备威廉姆斯/罗尔斯—罗伊斯 FJ44 型涡轮风扇发动机的商用喷气机中第一个投入使用的。斯威灵根的 SJ30 飞机也配备同样的发动机。

嘉奖 JET 是1989年揭开面纱的，1991年4月首飞，1992年10月获得认证，但第一次交货却推迟到了1993年3月。到2000年，西斯纳公司共交货400多架嘉奖 JET 型飞机，并继续生产。这种飞机有一种新增加的机型称作"CJ2"，而原型机在作了一些改进之后则称作"CJ1"。

西斯纳 嘉奖Ⅱ/S Ⅱ/V/超级

　　嘉奖Ⅱ、嘉奖SⅡ和嘉奖V都采用直翼、轻双引擎设计，配备普拉特—惠特尼加拿大JT15D型涡轮风扇发动机。第一种机型6～10座的嘉奖Ⅱ于1977年1月始飞，1978年4月获得认证，1985年因支持嘉奖SⅡ型机而停产，但1987年又恢复生产。

　　嘉奖SⅡ是在嘉奖Ⅲ基础上改进的8～10座飞机，1983年10月首次推出，也称"S550"。SⅡ型机1984年7月获得认证。1985年，美国海军购买了15架SⅡ，供训练用，改称T–47A。

　　1987年西斯纳推出了型号为560的嘉奖V。这是在嘉奖SⅡ型飞机基础上发展的机型，采用加长的机身和功率更大的发动机。这种飞机1988年12月获得认证，1989年4月首次供货。

　　1993年9月，嘉奖V升级，采用了功率更大的发动机和新式电子设备，现在称作"超级嘉奖V"。这种飞机于1994年6月获FAA认证并向客户供货。

　　最后一架嘉奖Ⅱ于1994年9月供货。西斯纳公司总共生产了840架嘉奖Ⅱ和嘉奖SⅡ。超级嘉奖V的生产后来仍在继续，到2000年底，西斯纳公司已经发出530架嘉奖V和超级嘉奖V。这种飞机的型号后来改成Encore，基本上是在超级嘉奖V的基础上把发动机换成普拉特—惠特尼加拿大PW500型而成。

西斯纳 嘉奖Ⅲ／Ⅵ／Ⅶ

嘉奖Ⅲ、嘉奖Ⅵ和嘉奖Ⅶ均为后掠翼中型商用喷气飞机，由两台联合航空信号（现汉尼威尔）的TFE731型涡轮风扇发动机提供动力。西斯纳公司1976年9月作为一种全新设计引入嘉奖Ⅲ型飞机，也称"560型飞机"。这种飞机1979年5月首飞，1982年首架飞机交付使用。

到1992年停产时为止，西斯纳公司共交付使用214架嘉奖Ⅲ型飞机。嘉奖Ⅲ被嘉奖Ⅳ所取代，后者是西斯纳公司1989年引入的。作为嘉奖Ⅲ的发展，嘉奖Ⅳ型飞机的寿命特别短。1990年5月，嘉奖Ⅳ型飞机废止，被嘉奖Ⅵ和嘉奖Ⅶ所取代。

嘉奖Ⅵ是嘉奖Ⅲ的廉价机型，配备与嘉奖Ⅲ相同的发动机，机舱尺寸和性能指标也相同。这种飞机于1991年年中开始交货。1995年在约38架飞机交货之后开始减产，该种机型被西斯纳的"超优"（Excel）所取代。

嘉奖Ⅶ型飞机基本上和嘉奖Ⅲ／Ⅵ相同，但发动机功率更大，供高海拔、高热环境下使用。1991年初开始飞行试验，1992年初第一批飞机交付使用。

嘉奖Ⅶ的生产在2000年年中结束，共生产了119架这种飞机。这个机型后来被嘉奖"君主"（sovereign）取代。

西斯纳　嘉奖 X

作为一种穿越大陆和穿越大西洋的中型商务喷气飞机，嘉奖 X 是嘉奖家庭中最大的一种，可乘坐 12 名乘客。型号中的 X 是罗马数字代表十，而不是"试验性"的意思。这种飞机也称"西斯纳 750"。

西斯纳公司当时宣称，嘉奖 X 是世界上除协和以外速度最快的商用飞机，其最大飞行速度可达 0.9 马赫。这样便使得这种飞机能在 4 小时内从纽约飞到洛杉矶。

嘉奖 X 飞机配备两台罗尔斯—罗伊斯（阿利森）AE3007C 型发动机，安装在后机身上。这种飞机采用超临界后掠翼，其前机身和驾驶员座舱部分系由嘉奖VI派生而来。机上装有汉尼威尔普里默斯 2000 型集成化电子系统。

西斯纳公司于 1990 年引入嘉奖 X，1993 年 9 月 15 日首批两架嘉奖 X 样机下线，同年 12 月首飞。1996 年 6 月嘉奖 X 获得认证，比计划时间晚了 6 个月，同年 8 月第一次供货。

首先应当说，嘉奖 X 算不上一流水平，但企业执行官用喷气机项目就是靠 1996 年 9 月的 25 架嘉奖 X 飞机订单复苏的。到 2000 年年底，西斯纳已售出 130 多架嘉奖 X 飞机，这种飞机和达索特的猎鹰 50 及雷声公司的地平线（Horizon）（分别参见本书有关介绍）形成直接竞争关系。嘉奖 X 的售价约为 1700 万美元。

西斯纳 嘉奖喝彩/超优/君主

"喝彩"、"超优"和"君主"是西斯纳嘉奖商务喷气机产品系列中最新的三种机型。前两种为直翼轻型喷气机设计，配备普拉特—惠特尼加拿大的 PW500 系列涡轮风扇发动机。西斯纳公司是在 1994 年 9 月的范勃鲁航空展览会上推出嘉奖"喝彩"型飞机的。新型 6 座的"喝彩"飞机在西斯纳产品系列中取代嘉奖 Ⅱ。新机型是以嘉奖 Ⅱ 的机身为基础设计的，但采用了 PW530 型发动机，而不是原来的 JT150 型发动机。

"喝彩"型飞机 1995 年 4 月首飞，1997 年初获得认证，1997 年 3 月开始交付使用。

1994 年 10 月，西斯纳又推出了嘉奖超优型飞机。这是一种 7～8 座的新型飞机，沿用了嘉奖 V 的机翼设计，其宽体机身则是在嘉奖 X 的基础上派生的。作为第一种有直立机舱（stand－up cabin）的商务喷气机，超优型飞机配备 PW545A 型发动机。第一批超优型飞机于 1996 年 2 月始飞，1998 年 4 月获得 FAA 认证，1998 年 7 月开始供货。在嘉奖产品序列中，超优取代的是嘉奖 Ⅵ。

最大的新型嘉奖飞机即中型的君主飞机基本上是超优型的加长，采用新的超临界的机翼和普拉特—惠特尼加拿大的 PW306 型发动机。在产品系列中，它取代的是嘉奖 Ⅶ。FAA 认证计划在 2003 年第三季度完成，2004 年初开始供货。

达索特　猎鹰 10/100/20/200

最初的达索特神秘（即现在的"猎鹰"）系列是一种双引擎商务飞机。其最早机型神秘 20 是一种 8 ~ 10 座飞机，1963 年首飞。这种飞机采用通用电气的 CF700 型发动机，主要作为企业执行官运输机使用。神秘 20 还有一种扩展用途便是作为军用训练机和货运飞机使用。

神秘 20 之后便是猎鹰 200，采用的是嘉利特（现在的联合航空信号）ATF3 – 6 型发动机。许多这种飞机都被用作海上监视。美国海岸警卫队把这种飞机用作 Hu – 25A 型护卫机，法国海军则将其用作海上护卫。

猎鹰 10 是下一个机型。这是一种在神秘 20 基础上缩小比例的机型，配备嘉利特 TFE731 型发动机。1970 年 12 月，首批三架猎鹰 10 样机试飞，1973 年开始交货。猎鹰 10 后来被猎鹰 100 取代，后者是一种起飞重量较大的机型，其右舷侧面有一个特别的窗户。

总共 226 架猎鹰 10/100 中的最后一架于 1990 年交付使用，514 架猎鹰 20/200 中的最后一架也接着于 1991 年交付使用。这种飞机有许多至今仍在服务，约有 60 架猎鹰 20 已经改装了 TFE731 型发动机。

达索特　猎鹰50/900

猎鹰50和猎鹰900是法国达索特公司制造的三涡轮风扇发动机的远程商务喷气机系列。两种机型均采用汉尼威尔的TFE731型涡轮风扇发动机。

猎鹰50是达索特公司的第一种三引擎飞机，1976年11月首飞，1979年7月开始交货。除商务用户之外，猎鹰50还被许多政府用作救援、政要、医疗及其他用途。

猎鹰900是从猎鹰50派生而来的，其特点是航程更远（洲际），机身也比猎鹰50更宽、更长，最多可供19人乘坐。猎鹰900首飞于1984年9月，1986年12月开始交货。和猎鹰50一样，猎鹰900也可用于非商务用途。

达索特公司接下来生产的机型是猎鹰900C和900EX。1994年10月达索特公司公开了其基本型的一种远程改型机猎鹰900EX型飞机。这种飞机于1995年3月下线，1996年年中获得认证，它装备有汉尼威尔普里默斯2000型电子设备，航程可达8334千米。1998年引入的猎鹰900C型飞机拥有和猎鹰900EX相同的驾驶座舱。达索特公司还推出了有许多相同改进的猎鹰50EX。这种机型于1997年1月投入使用。

到2000年末，达索特公司已交货300多架猎鹰50和240多架猎鹰900飞机。

达索特　猎鹰 2000

猎鹰 2000 是一种 8 座双引擎有飞越大陆航程的商务飞机。由达索特公司设计，是替代其猎鹰 20/200 的产品。这种飞机可与雷声公司的"地平线"和鲍巴蒂尔公司的"大陆"喷气机竞争。猎鹰 2000 的机身截面积和猎鹰 900 相同，但比猎鹰 900 要短大约 1 米。

　　达索特公司是在 1987 年开始推销其猎鹰 2000 项目的。在 1989 年的巴黎航空展览会上公布了这个机型的细节，其原始型号为猎鹰 X。这种飞机的设计工作是利用达索特公司的 CATIA 计算机设计系统完成的。

　　猎鹰 2000 于 1993 年 3 月首飞，1994 年 12 月获得欧洲的 JAA 认证，获得 FAA 认证和首批交货是在 1995 年 2 月。猎鹰 2000 的售价约 2000 万美元。

　　猎鹰 2000 虽然是由达索特公司在法国制造的，但却作为货运机得到广泛应用。这种飞机是通用电气和汉尼威尔/嘉利特联合开发的 CFE738 型涡轮风扇发动机的第一个用户。意大利的阿利尼亚公司也是其中一个合作伙伴，负责制造尾部机身和发动机机舱。

　　除了猎鹰 2000 这种基本型外，达索特公司还开发了一种配备普拉特—惠特尼加拿大 PW308 型发动机的改进型。称作"猎鹰 2000EX"的这种新机型当时计划在 2003 年投入使用，并对鲍巴蒂尔的"挑战者"系列及其他机型构成挑战。

银河　ASTRA/银河

　　Astra 型飞机是以色列正在制造的惟一喷气式飞机，由以色列飞机工业公司按飞越大陆的能力要求设计。这种飞机 1984 年 3 月首飞，从 1986 年 6 月开始交付使用。

　　Astra 型飞机是在 IAI 第一种商用喷气飞机——"西风"型飞机的基础上派生的，"西风"型是由罗克威尔国际公司作为"喷气指挥官"设计的。IAI 共生产了 248 架西风飞机，于 1988 年停止生产。

　　Astra 型飞机看上去很像原来的"西风"飞机，但实际上只有发动机舱和尾部保持未变。Astra 的机身较大，并采用了新型后掠式机翼。

　　从第 42 架 Astra 飞机开始，IAI 就一直生产 Astra SP 机型。Astra SP 飞机的特点是采用了新的内部设计，航程有所改进，并采用了新的电子飞行仪表系统（EFIS）。Astra SP 飞机从 1991 年开始交货，其售价约为 1200 万美元。

　　银河公司还生产与其同名的银河型喷气飞机。这种飞机采用与 Astra SP 相同形式的机翼，并有一个能乘坐 8～10 人（短程往返型可坐 19 人）的新型宽大机身，动力为两台普拉特—惠特尼加拿大的 PW306 型涡轮风扇发动机。银河飞机的售价约 1800 万美元。银河飞机于 1999 年末投入使用，和雷声公司的地平线飞机及鲍巴蒂尔公司的大陆喷气机是竞争关系。

湾流 G Ⅱ／Ⅲ／Ⅳ

　　作为一种大型、远程、双引擎商务喷气飞机，目前生产的湾流飞机为 GⅣ型，它和前期生产的 GⅡ和 GⅢ型关系密切。

　　第一种湾流机型是 GⅡ，于 1966 年首飞。GⅢ型则有着机身较长和有小机翼的特点，于 1979 年 12 月首飞。到 1988 年 GⅢ停产时为止，总共生产了 462 架 GⅡ和 GⅢ飞机。这两种机型都采用罗尔斯—罗伊斯的 Speyr 发动机。顺便要交待一下，GⅠ型飞机是一种和 GⅡ、GⅢ飞机无关的螺旋桨推进运输机，20 世纪 60 年代由格鲁曼公司生产。

　　GⅣ飞机研制计划开始于 1982 年。这种机型的特点是采用了数字式电子设备、重新设计的机翼和能坐 19 人的加长机身，由罗尔斯—罗伊斯 Tay 型涡轮风扇发动机提供动力。GⅣ型飞机于 1985 年 9 月首飞，1986 年首批交货。其最新的型号为 GⅣ–SP，采用新的内部设计，并有更好的远航能力。

　　在湾流公司推出 GⅤ和加拿大航空公司推出其环球快车飞机（分别参见本书有关介绍）之前，售价 2900 万美元的 GⅣ飞机是市场上最昂贵的商务喷气机。

　　在美国军队序列中，GⅡ、GⅢ和 GⅣ飞机均被命名为 C–20。在海湾战争中，曾有一架 C–20 被用作诺尔曼·斯瓦茨科夫将军的空中指挥所。

湾流 GV

GV飞机是 GIV 的加长，并采用了新的机翼和发动机。在乘载 8 人的情况下，这种飞机有能飞越太平洋的航程。在 0.8 马赫的速度下飞高可达 12038 千米。在航程较短的情况下，GV 飞机最多可乘载 19 人。

湾流公司是 1991 年 10 月首次宣布 GV 项目的。1992 年 9 月，湾流公司在主要财务后盾 forstmann Little 的 2.5 亿美元投资支持下启动了 GV 项目。也是在 1992 年，他们接到了 GV 的订货合同。同年 9 月，他们选定了罗尔斯—罗伊斯/BMW 的 BR700 新型发动机作为 GV 飞机的动力，从而启动了 BR700 系列涡轮风扇发动机项目。在巴黎航空展览会上，诺斯罗帕—格鲁曼被选中生产 GV 的机翼。汉尼威尔公司提供其 SPZ-8000 型全套电子设备，湾流公司则作为一个选项提供一种平视显示（HUD，Head-updisplayr）。

GV 飞机于 1995 年 9 月下线，1996 年 12 月获得认证。也是在 1996 年 12 月，西格拉姆公司成为 GV 飞机的第一位客户。

GV 的售价约 4000 万美元。这种飞机和鲍巴蒂尔公司的环球快车及达索特公司的猎鹰 900EX 两种飞机（参见本书有关介绍）直接竞争。到 2000 年为止，湾流公司已交货 120 多架 GV 飞机。手中还握有至少 80 架的订单。湾流的新东家通用动力后来开发了一种军用机型即 EC-137M，供作特殊侦察之用。

利尔 23/24/25/28/29

　　第一种利尔喷气机是利尔 23，这是一个 6 座商务喷气机系列，配备通用电气的 CJ610 型涡轮喷气发动机。这种飞机由威廉·利尔设计，采用翼梢油箱方案。这是在堪萨斯州的韦奇塔（wichita）生产的第一种商务喷气飞机，现在韦奇塔已经是一处世界性的商务喷气机制造中心了。

　　利尔 23 的样机于 1963 年 10 月试飞，一年后开始供货。在利尔 23 之后又于 1966 年推出利尔 24 及其改型机利尔 24B、24C、24D 等。这些机型都装备了更新换代的发动机，尾部单元也做了设计修改，还有其他方面的改进。

　　利尔 25 是加长的利尔 24，能乘坐 8 人，首飞于 1966 年 8 月。首先生产的机型为利尔 25D，于 1967 年 10 月首次供货。利尔 25 的最后一种机型为远程的利尔 25F 和 25G。利尔 25F 是 1970 年开始生产的。

　　利尔 28 和 29 "长角牛" 飞机是利尔 25 的发展，采用了很宽的机翼，翼梢有较好的性能，特别是起降性能。这两种机型在 1979 年 1 月获得 FAA 认证，随后便完成了首次供货。

　　利尔 20 系列喷气飞机于 1985 年停止生产。利尔喷气飞机公司共生产了 741 架型号为 23～29 的飞机，许多都还仍在服务。

利尔 31/35/36

第一种采用嘉利特（现汉尼威尔）TFE731 型涡轮风扇发动机的利尔喷气机是利尔 26，系在利尔 25 基础上更新发动机而成，于 1973 年 1 月首飞。利尔 26 后来演变成了利尔 35 和利尔 36，1974 年 7 月获得认证。

这两种机型都采用相似的 6~8 座中型设计方案，不过利尔 36 能携带更多的内装燃料，可做洲际飞行，利尔 35 则是穿越大陆式的。

美国空军拥有近 80 架利尔 35A 型飞机，命名为 C－21A。这些飞机用来完成高度优先的设备运输、人员输送和其他使命。

利尔喷气飞机公司共生产了 673 架利尔 35 和 62 架利尔 36。这两种机型的生产均在 20 世纪 90 年代初停止。

利尔喷气飞机公司于 1987 年 9 月引入利尔 31 型飞机。这种机型把利尔 35A/36A 的机身和动力设备与利尔 55 的机翼结合在一起。从 1988 年到 1990 年末共有 25 架这样的飞机交付使用，1991 年又交付了另外 11 架。利尔 31 由利尔 31A 取代，后者于 1991 年 7 月获得 FAA 认证。

利尔 55/60

利尔 55 是一种 4 ~ 8 座的中程喷气飞机，采用新型机翼和直立机舱。这种机型是利尔 28 的后代，样机试飞于 1979 年 4 月，1981 年 3 月获得认证，4 月交付客户使用。

利尔 55 的最后一种机型是利尔 55C，1988 年 12 月获得认证。这个机型增加了后机身三角下翼以改善性能。利尔 55C/ER 则是一种扩展了航程的改型机，带一个附加的油箱。利尔 55C/LR 是一种远航程改型机，又增加了一个燃料箱。利尔 55 现已被利尔 60 所取代，总共 147 架利尔 55 中的最后一架是 1991 年交付使用的。

利尔喷气机公司于 1990 年 10 月引入能穿越大陆的利尔 60。这是一种以利尔 55C 为基础，但机身加长 1.1 米，内部设计上有较大灵活性，并有较大的行李舱的机型。这种飞机还采用了新型的普拉特—惠特尼加拿大 PW305 型涡轮风扇发动机和罗克威尔—柯林斯的成套电子设备。

一架由利尔 55 改装成的利尔 60 样机于 1990 年 10 月首次试飞。1992 年 6 月 15 日，第一架利尔 60 产品机首飞。这种飞机 1993 年 1 月获得 FAA 认证，同月第一批飞机交货，客户是家具制造商荷曼·米勒。到 2000 年年底，已有 200 多架这种飞机交付使用。

利尔 45

1992 年 9 月，利尔喷气飞机公司宣布了其最新的利尔 45 项目。这是一种入门水平或中等水平的商务喷气飞机，售价 850 万美元，直立机舱，能乘坐 8 ~ 10 人。利尔 45 有一种新的机翼（有小翼），机身和尾部也是新型的。它后来取代了利尔 31。

利尔 45 配备两台汉尼威尔 TFE731 – 20 型涡轮风扇发动机，装有汉尼威尔普利默斯 1000 型成套电子设备，并带电子飞行仪系统显示和普利默斯 650 型气象雷达。

利尔喷气飞机公司已经拿到机身部分的分包合同，北爱尔兰的索特兄弟公司负责机身和尾部的制造，加拿大的德哈维兰德公司负责机翼制造。和利尔喷气机公司一样，这两家公司也是鲍巴蒂尔帝国的一部分，从而使利尔 45 成为第一种泛鲍巴蒂尔商务喷气飞机。

利尔 45 于 1995 年 9 月下线，10 月首飞。试飞程序共包括 5 架飞机，但试飞程序因计算机设计系统的问题而推迟了一年。

利尔 45 于 1997 年 9 月获得 FAA 的型式认证，1998 年 5 月首批交货。到 2000 年，已有 100 多架飞机交货，有 4 架被新加坡航空公司订购，用来做螺旋桨试验机。

三菱 MU－2

三菱公司的 MU－2 是一种高机翼双涡轮螺旋桨发动机多用运输机，可用于各种不同用途。这种飞机最多可乘坐 11 名乘客，凭其翼梢油箱即可识别，起落架可以收缩进入机身内。

MU－2 飞机 1963 年 9 月首飞，其第一种机型为 MU－2A，共有三架样机。MU－2B 是这种飞机的第一种生产机型，接下来是 MU－2C、MU－2D、MU－2EP 和其他改型机。MU－2G 和 MU－2J 的机身是加长的。其最后一种机型是 MU－2P。

日本军方把 MU－2C 用作 LR－1 型联络和侦察机，空军则把 MU－2E 用作搜索和救援飞机。

大多数 MU－2 飞机都是在日本制造，但也有些是用三菱公司供应的套件在美国德克萨斯州的一个工厂组装的。日本组装的 MU－2 飞机称作"女侯爵"，在德克萨斯州组装的 MU－2 飞机则称为"隐士"。

MU－2 飞机于 1986 年停止生产，共生产了 755 架。这些飞机大多数出口给了国外用户，特别是南美地区。其中有许多至今仍在飞行，但这种飞机已经出现一些不太严重的声誉问题。大约有 20% 的这种飞机出现过事故。此外，作为一种快速、远程飞机，它又很受加勒比海地区缉毒、缉私队伍的欢迎。

帕吉奥 P. 180 阿凡提

如果高消费高科技产品邮购公司要买飞机，那他们买的肯定不是这种飞机。帕吉奥公司的 P. 180 飞机看上去很像那些想创造最奇异、最复杂的飞机形象的孩子可能画出来的形状。

P. 180 飞机是一种 6～10 座的公司企业用运输或多用飞机，其特点是：前舵、主翼安装在后机身，两台涡轮螺旋桨发动机安装在一个向后的推杆结构上，合成材料的零部件重量占到空机重量的 17%。

帕吉奥于 1979 年开始实行 P. 180 计划。P. 180 飞机于 1986 年 9 月首飞，1990 年 3 月获得意大利认证，随后于 5 月份又获得 FAA 认证。第一架 P. 180 飞机于 1990 年 10 月交付使用。

尽管 P. 180 飞机是在意大利设计和制造的，但其中有许多部件都在美国制造，包括机身在内。罗克威尔的柯林斯企业提供了大多数电子设备，包括一套数字式自动驾驶仪和一套三管的电子飞行仪系统（EFIS）。

不幸的是，形状怪异、富于想象力的飞机并不总能适合公司的形象需要，其竞争产品比奇公司的星船（starship）随后就生产出来。帕吉奥每年只生产少量的 P. 180 飞机，已经交付使用的数量不足 40 架，多年来生产任务一直不饱和。奇怪的是，1992 年 P. 180 飞机竟成为西方出售给保加利亚的第一种商务飞机。

皮勒特斯 PC – 12

　　PC – 12 飞机是瑞士飞机制造商皮勒特斯公司开发的一系列单涡轮螺旋桨多用飞机中最新的一种。该公司开发 PC – 12 飞机的目的主要是针对小件包裹递送市场。这种飞机属增压型，是按 1 人驾驶的条件认证的。

　　PC – 12 的开发工作开始于 20 世纪 80 年代中期。1989 年 10 月，皮勒特斯公司展出了一种实体模型。1991 年 5 月，PC – 12 完成首飞，1994 年 4 月获得瑞士认证，接着于 5 月份第一批产品交付使用。第一批飞机被启动客户 Zimex 航空公司购买。1994 年 7 月，这种飞机获得了美国的 FAA 认证。

　　PC – 12 飞机共有五种机型上市：企业执行官用、公司公务用（PC – 12P）、货运（PC – 12F）、军用和客货两用。企业执行官用机型为 6 座式，公司公务用机型可容纳 9 人，客货两用机型则能乘坐 4 名乘客外加货物。

　　客机机型装备有全数字电子设备。军用 PC – 12 可以承担多种使命，包括医务救助、巡逻、超前空中控制（forward air control）、训练和空投。已有多

架 PC－12 飞机按战时流动医院的构造交付澳大利亚的皇家飞行医疗服务机构使用。

PC－12 在货运市场上和西斯纳的嘉奖飞机竞争，在多用机和客机市场上则和 Socata 的 TBM700 竞争。由于单引擎空中航运的日益流行和合法，PC－12 的销售在 20 世纪 90 年代的下半叶明显增长。到 2000 年年底，帕勒特公司已有 240 多架 PC－12 飞机交付使用。

雷声 驯鹰者 800

驯鹰者 800 是一种 6~14 座双引擎中型商务喷气飞机，穿越大陆航程。这种飞机原称英航 125－800，是英国航空工业公司很长的 125 型公司公务喷气机系列中的最新一种。雷声公司于 1993 年 6 月购买了这种飞机和生产线，并重新启用"驯鹰者"这个古老的名字。该生产线于 1997 年迁入美国。

英国航空工业公司（现 BAE 系统）于 1997 年作为对 125－700 的发展开始研制 125－800 型飞机。800 型飞机采用了由 TFE731－3 升级而来的 TFE731－5 型涡轮风扇发动机和罗克维尔柯林斯的 Ⅱ 系列电子设备。125－800 型飞机首飞于 1983 年 5 月，获得 FAA 认证的时间是 1984 年 12 月，同年首批供货。

800 型飞机本来是主要供公司经营者们使用的，现在在政府和军队中也出现很多用途。日本军方正在购买 27 架这样的飞机供搜索和救援用，另外还购买 3 架做飞行检查。沙特阿拉伯皇家空军有 12 架这样的飞机供政要使用。美国空军还有 6 架这样的飞机，重新命名为 C－29A，作飞行检查和导航用。

雷声 驯鹰者 1000/地平线

驯鹰者 1000 是一种 8～15 座双引擎小型商务喷气飞机，航程为穿越大陆到洲际水平。这种飞机原由英国航空工业公司作为加长和改进型的 125－800 设计。英国航空工业公司于 1988 年初开始工作。这种飞机首飞于 1990 年 6 月，1991 年 10 月获得英国的 CAA 和美国的 FAA 认证。雷声公司于 1993 年 6 月购买了这种飞机的生产线，并于 1997 年把它搬到了美国。

除加长 0.8 米之外，1000 型飞机和 800 型相比还有许多不同之处。1000 型换了新型发动机和新的电子设备，内部设计也进行了更新。然而，这种新设计仅仅是接近洲际航程的，其在市场上的表现并不成功。1995 年 10 月，雷声公司终止了这个项目，最后一批 58 架 1000 型飞机于 1997 年交货。

为了取代 1000 型飞机，雷声公司设计了 4000 型的"地平线"飞机，这种飞机真正达到了洲际航程，采用普拉特—惠特尼加拿大 PW308 型发动机和合成材料机身，其售价约 1700 万美元，和"银河"喷气飞机及鲍巴蒂尔的"大陆"喷气飞机相竞争。

雷声 国王气派

　　比奇（现雷声）公司的国王气派飞机由多个系列的增压型双涡轮螺旋桨发动机商务和多用飞机组成。

　　国王气派飞机开发于 20 世纪 60 年代初期，首飞于 1964 年，第一种机型是国王气派 90 型。这种机型及后来的各种机型都采用两台普拉特—惠特尼加拿大 PT6A 型发动机，只有国王气派 B300 型例外，它采用的是嘉利特 TPE331 型发动机。

　　国王气派飞机主要用做商务运输机，并可乘坐 9 ~ 16 位乘客。有些是作为各种长、短距离的往返班机用。比奇公司生产了 11 架比奇 1300 型飞机作为 B200 型飞机的改型机，用作 13 座客机，梅萨航空公司购买了 10 架这种飞机。

　　美国军方也使用国王气派飞机，并将其命名为 C－12，供多种用途使用。RC－12 则装备各种电子传感器，供收集情报用。

雷声 总理一号

总理一号是一种入门水平的商务喷气机，也是雷声公司在全新飞机设计方面的第一次尝试。新设计采用了威廉姆斯国际/罗尔斯—罗伊斯的 FJ44 型涡轮风扇发动机，并采用了合成材料机身。

1995 年 6 月，雷声公司宣布它正在设计一种新型的入门水平商务喷气机，命名为 PD374。雷声公司在 1995 年 9 月召开的全国商务飞机协会（NBAA）会议上启动了这个项目。定名为总理一号的这种新飞机是用计算机设计的，并将用计算机控制的自动化设备来生产。

第一架总理一号飞机原定 1997 年夏季始飞，但后来却推迟到了 1998 年的 12 月。第三架样机 RB-3 于 1999 年 9 月试飞。第四架试验飞机同时将用来申请单人驾驶认证。获得认证和开始交货的时间在 2000 年末。

总理一号的售价约为 400 万美元，直接和西斯纳的嘉奖喷气机及斯威灵根的 SJ30 飞机竞争。

雷声 星船

比奇（现为雷声）公司的星船飞机
是一种双涡轮螺旋桨商务飞机。这种飞
机以其高技术设计和少有的短暂寿命而
引人注目。

首先说设计，其后掠式的主翼装在
后机身上，翼端有两个垂直尾翼（stabilizer）或"端帆"（tipsail）。主翼的后
部有两个推进螺旋桨。在前机身上还固定有两个较小的形状可变的机翼。增
压型的机身能乘坐 8 ~ 10 位乘客。整个飞机都是由合成材料做成，例如石墨
—炭环氧树脂（graphite - carbonepoxy）和 Nomex - honeycomb（一种聚合材
料）。这些都是稀有的材料，特别是对于堪萨斯州维奇塔的飞机制造业来说。

第一架星船飞机是按 85% 缩小比例的样机，由传奇般的波特拉坦公司制
造。这架飞机于 1983 年试飞。随后又在 1986 年 2 月生产了 100% 比例的样
机。第一架产品飞机是在 1989 年 4 月起飞的，并在当年 12 月获得 FAA 认证。

1991 年 10 月，比奇公司引入了一种改进的机型，即星船 2000A。这个机
型有较大的燃料携带能力，内部设计也有一些改进。1992 年 4 月此机型获得
FAA 认证。

像帕吉奥公司的阿凡提飞机一样，星船飞机碰到的也是一个非常不热心
的市场。和帕吉奥不同的是，比奇公司决定终止这个项目。1994 年，比奇公
司制造了其第 53 架也是最后一架星船飞机，便让它成了 DeLorean 赛车的空中
同类。

阿古斯塔 A.109

A.109 型飞机是一种双涡轮轴发动机的轻型/中型直升机，用于各种民用和军用用途。这种飞机由意大利阿古斯塔公司制造，载客 6~8 人。作为民用机可用于紧急医疗服务（EMS）、政要出行和警务。

A.109 飞机原是作为"飞燕"型来设计的，首飞于 1970 年 8 月，1976 年初产品开始交付使用。现在生产的机型 A.109MKⅡ是 1981 年 9 月投入使用的，采用的是罗尔斯—罗伊斯亚里森（Allison）250 型发动机。

A.109 型飞机有不同的机型和结构。A.109 MAX 是一种改进的 EMS 机型。A.109POWER 于 1995 年 6 月推出，采用两台普拉特—惠特尼加拿大PW206C 型发动机。这种 POWER 型飞机 1996 年开始供货。

为高海拔和高热条件设计的 A.109K 型飞机是一种加长型飞机，采用 TurbomecaArriel lKl 型发动机和不能收缩的起落架。

阿古斯塔公司还提供 A.109 飞机的单涡轮轴发动机派生机型，型号为A.119Koala。这种新型的 8 座飞机于 1995 年 6 月推出，2000 年投入服务。

欧洲直升机公司 AS.350/355 松鼠/A星/双星

"松鼠"家族包括一系列双、单引擎的轻型通用直升机。由欧洲直升机公司法国公司（前法国航空工业公司）设计和制造的这种"松鼠"飞机可用于医疗急救、警务、货物、政要和其他方面的运输任务。

作为替代法国航空工业公司阿鲁特（Alouette）飞机的AS.350项目开始于1973年。1974年样机试飞，1978年3月开始有产品投入使用。

AS.350系单引擎机型，采用Turbomeca Arriel发动机。这种机型在北美销售时称为A星型。A星型飞机原来装备的是莱克明LTS101型涡轮轴发动机，但有些这个型号的飞机已更换成Arriel发动机。

AS.355松鼠2（在北美称双星）是一种双引擎机型，首飞于1979年9月。目前生产的机型为AS.355N，于1989年6月获得认证。AS.355F型飞机用的是两台罗尔斯—罗伊斯（亚利森）250－C20型发动机，而AS.355N用的则是两台Turbomeca的TM319 Arrius 1A型发动机。

AS.350和AS.355都有军用机型，命名为AS.550/555沙漠狐（Fennec）。这两种机型可用于各种可能的用途，包括反坦克、训练、海上作战和各类运输。

欧洲直升机公司已生产了3000多架"松鼠"直升机，目前生产仍在继续。其中约有300架是在巴西由Helibras以许可证的方式制造，大多是为该国的军队制造的。

欧洲直升机公司 AS. 365 皇太子/EC 155

AS. 365 飞机是法国航空工业公司（现欧洲直升机公司法国公司）设计的一种中型双涡轮轴发动机直升机，用于海上支援、紧急医疗救护、政要出行、管线巡查和其他任务。这种飞机和西科斯基公司的 S－76 直升机竞争，但凭其管道风扇式的尾部旋翼很容易区别。

第一种皇太子飞机是 SA. 360，这是一种 10～14 座的单引擎飞机，由法国航空工业公司于 20 世纪 70 年代初制造。用来取代该公司的阿鲁特Ⅲ型飞机的双引擎 AS. 365 飞机于 1975 年 1 月首飞。AS. 360 和早期的 AS. 365C 型飞机都是由 Astazou 发动机提供动力的。

20 世纪 80 年代初期，AS. 365C 被配备 Arriel 发动机的 AS. 365N 取代。现行的皇太子机型为 AS. 365N2。这种飞机于 1989 年末获得认证，其特点是装备了新型发动机、新式舱门和选择范围较大的缩短仪器仪表。

AS. 365 直升机和 AS. 565 黑豹直升机一样广泛用于军事用途。美国海岸警卫队使用这种型号的飞机，并重新命名为 HH－65 "海豚"。这种飞机由法国航空工业公司在德克萨斯州制造，配备的是汉尼威尔的 LTS101 型发动机。中国的哈尔滨以许可证的方式生产 Z－9A 型改型机。

1997 年 6 月，欧洲直升机公司引入加长型 AS. 365N4，后又改名为 EC－155。其特点是采用了新型旋翼系统和尺寸大 40% 的机舱。EC－155 飞机于 1999 年初开始供货。

到 2000 年末，欧洲直升机公司及其分支机构共生产了 700 多架皇太子飞机，包括 38 架 SA. 360 和 101 架 HH－65A。

欧洲直升机公司 BO 105

BO 105 是一种 5 座双涡轮轴发动机轻型直升机，是为各种民用和军用用途制造的。民用用途包括海上救援、医疗服务、海上石油支援和执法等。德国军队拥有 300 多架这样的飞机完成军事任务，包括 200 多架 PAH - 1 型反坦克机型。

MBB 公司即现在的欧洲直升机公司德国公司于 1962 年开始 BO105 的设计工作。1967 年 2 月样机试飞，现在生产的机型为 BO 105 CBS，于 1983 年初获得认证。这种机型有一个加长 0.25 米的后舱，供安置额外的后舱座位用。

BO 105 的最新机型为 EC 超级五号，于 1993 年末获得认证。这种机型是在 BO 105CBS 的基础上改用新型主旋翼桨叶、增大起飞重量并采取了其他改进措施而成。许多这种升级产品都是从最近一种德国军用 PAH - 1 型升级产品派生而来的。

到 2000 年末，已有 1200 多架 BO 105 飞机在欧洲直升机公司德国 Donauworth 工厂生产出来。印度尼西亚的 IPTN 公司也以许可证的方式生产这种飞机，从 1976 年以来已生产 120 多架 NBO 105 飞机。最后，欧洲直升机公司的加拿大公司也制造了 50 多架 BO 105LS 型直升机，是适用于高海拔高温条件的产品。BO 105 的生产现在明显减慢。

欧洲直升机公司 EC 120

EC 120 是一种单引擎轻型直升机，由欧洲直升机公司、中国 CATIC 和新加坡航空技术公司联合设计。EC 120 瞄准亚洲市场，用以取代 Gazelle、Lama 和其他过时的轻型直升机。

EC 120 项目是由法国航空工业公司直升机分公司即现在的欧洲直升机公司法国公司发起的。1998 年开始和中国 CATIC 和澳大利亚 ASTA 谈判开发一种新的轻型直升机。后来澳大利亚于 1989 年末退出，由新加坡代替。三家公司于 1991 年 9 月启动了这个项目的开发。

EC 120 有一个 4 桨叶主旋翼、滑板式起落架和一个带罩的尾部旋翼。前 300 架 EC 120 将采用 Turbomeca 发动机，以后将配备普拉特—惠特尼加拿大的 PW200 型涡轮轴发动机。

现在的工作分配比例是：61% 由欧洲直升机公司负责，24% 由中国 CATIC 负责，15% 由新加坡负责。CATIC 负责制造前机身，新加坡负责制造驾驶员座舱底架、门和尾部构架，包括带罩的尾部旋翼。

EC 120 于 1995 年 6 月首飞，1998 年 1 月首批飞机交付使用。到 2000 年底，欧洲直升机公司已交货 100 多架。虽然现在飞机的最后总装是在法国进行，但在需要时可在中国建第二条生产线。这种飞机也可能会派生出用于侦察任务的军用机型。

欧洲直升机公司 EC 135

　　欧洲直升机公司的 EC135 是一种双引擎 5～7 座轻型直升机，是为紧急医疗救护、警用、救援、企业执行官出行和其他用途设计的。它将作为 BO 105 飞机的后续产品，运行成本将会比 BO 105 降低 25%。

　　EC135 开始时是从德国的 MBB 开发的 BO108 型 4～6 座技术样机起步的，BO 108 首飞于 1988 年 10 月。在 MBB 和法国航空工业公司创立欧洲直升机公司之后，又修改了设计，增加了带罩的尾部旋翼，还重新设计了机舱，增加了一个座位。

　　EC135 的机身大部分由合成材料制成。这种飞机采用四桨叶无轴承主旋翼，并有一副滑板式起落架。初期的样机是由 Turbomeca Arrius 涡轮轴发动机提供动力，现在的机型选用的则是普拉特—惠特尼加拿大的 PW206B 型发动机。

　　欧洲直升机公司于 1993 年 2 月启动 EC 135 项目。第一架配备 Arrius 发动机的 FC 135 飞机于 1994 年 2 月首飞，配备 PW206B 型发动机的 EC135 则于 1994 年 4 月首飞。这种飞机从 1996 年 6 月开始交付使用。在 2000 年，欧洲直升机公司有 130 多架 EC135 交付使用。

　　1999 年，欧洲直升机公司推出了 EC135 的军用改型机 EC635，订单来自葡萄牙，共订购了 9 架。EC 135 和麦道公司的"探测者"及贝尔的 427 等机型是直接竞争关系。

欧洲直升机公司/川崎重工 BK. 117/EC 145

BK. 117 是一种双引擎多用途直升机，由欧洲直升机公司德国公司（前MBB）和日本的川崎重工设计和制造。两国都有装配生产线。这种飞机的用途包括企业执行官出行、紧急医疗服务、海上石油和警方执行任务等。

MBB 和川崎重工于 1997 年 2 月开始携手开发 BK. 117 飞机。开发组利用MBB 的 BO 105 直升机和川崎的 KH－7 飞机的组件制造了 4 架样机。川崎重工生产机身、滑板式起落架和传动部分。欧洲直升机公司则负责系统合成及主旋翼头部和桨叶及尾段的制造。

1979 年 6 月，BK. 117 飞机首飞，1983 年初开始向用户交货。

第一种机型是 BK. 117A－1。接下来的一种产品机型是 BK. 117B－2，于1987 年 12 月获得认证。还有一种军用机型是 BK. 1177M。这个军用机型尚未有用户订购，但其他 BK. 117 机型都有被用来执行军事任务的。

BK. 117A 和 BK. 117B 系列采用的是汉尼威尔的 LTS101 型涡轮轴发动机，但欧洲直升机公司于 1992 年引入的 BK. 117C－1 型则采用了 Turbomeca 的 Arriel 1E 型发动机。1998 年，欧洲直升机公司宣布 BK. 117C2 项目启动，随后又重新设计了 EC145。这种飞机的载重量较大，航程也更远，已于 2000 年投入使用。

两家公司已生产了 440 多架 BK. 117 飞机，包括由川崎重工设在日本岐阜市的生产线生产的 100 多架在内。

凯曼公司 K – MAX

  K – MAX 是民用直升机的一种新奇概念，即一种能起吊重物的空中卡车。这种飞机只用一人驾驶，其内部载重量很小，但却可以在外部吊重 2727 千克，其用途有多种，包括直升机代大搬运、救火和货物运输等。

  凯曼公司 1992 年 3 月宣布 K – MAX 项目，但样机却是在 1991 年末首飞的，1994 年获得认证，不久便开始向客户供货。

  尽管 K – MAX 是个新项目，但它却采用了一些搁置多年的现有技术。最引人注目的是，它采用了为 HH – 43 直升机开发的紧配合型（inter – meshing）主旋翼桨叶。HH – 43 直升机是凯曼公司 20 世纪 50 年代为美国空军制造的。K – MAX 采用的单台 T53 型涡轮轴发动机也是从 20 世纪 50 年代末期就开始生产的。

  凯曼公司已生产了几十架 K – MAX 直升机，现仍在小批量生产。第一批飞机按每飞行小时 1000 美元、每年飞行 1000 小时的条件租赁给用户使用。K – MAX 是凯曼公司生产的最后一种机型，因此它也代表了这个传奇性企业在直升机行业的最佳机会。

麦道直升机公司 探测者

麦道公司的"探测者"是一种双引擎民用直升机，系为海上石油支援、紧急医疗救护、执法和其他用途而设计。这是一种采用无尾部旋翼（NO-TAR）系统的全新直升机，由麦道公司开发。

麦道探测者是作为先进的新型8座直升机研究项目于1986年诞生的。该项目于1989年1月启动，当时命名为MDX。当时普拉特—惠特尼公司加拿大公司作为一个合作方签字，但其PW206型发动机只在先期生产的128架产品飞机上排他性使用。超过120架之后，麦道探测者便也可以选用Turbomeca公司的TM319-2C型Arrius发动机了。

麦道探测者于1992年12月首飞，1994年12月获得FAA认证，同月第一架产品飞机交付使用，客户是石油直升机公司。

1997年，900型直升机因技术原因而停产，新开发的902型先进的探测者直升机被用来解决这一问题并突破900型直升机在航程和有效载荷方面的局限。902型直升机有功率更大的发动机和其他方面的设计改进，这种飞机于1997年9月首飞。第一批4架902型飞机于1998交付使用。

1999年1月，波音公司把其MD500/600型飞机和探测者直升机的生产线出售给麦道直升机公司，这是荷兰RDM控股公司的一个子公司。尽管麦道公司以后可能会添置新的生产设备，该机的生产线仍然留在了梅瑟市。

麦道直升机公司 MD500

MD500 是一个单涡轮轴发动机轻型直升机系列，由麦道公司（现麦道直升机公司）制造，用于各种民用和军用用途。MD500 有一台五桨叶的主旋翼、蛋圆形的机舱和滑板式起落架，但其尾部旋翼是传统型的，和 MD520N 及 MD600N 关系密切。

MD500 原来是 OH－6 野马，系由 Hughes（即后来的 MDHS）公司为美国军方制造。OH－6 首飞于 1963 年 2 月。1965 年 4 月，Hughes 公司决定开发 500 型民用机，并于 1968 年 11 月开始生产。

MD500 的军用型为 MD500 "保卫者"。MD500E 民用机型采用一台降容的罗尔斯—罗伊斯（亚里森）250－C20B 型涡轮轴发动机。MD530F 改型机采用的则是 250－C30 型发动机，具有较好的起飞性能。

到 2000 年底，MD、MDHS 加上 Hughes 公司总共生产了 4000 多架 MD500 直升机，包括 1400 多架 OH－6。大型民用用户包括警务部门和其他政府部门。意大利的阿古斯塔和日本的川崎重工都以许可证的方式生产这种飞机。1976 年至 1988 年间韩国以许可证方式生产了 300 架飞机。后来麦道公司和川崎重工仍在继续生产。

麦道直升机公司 MD520N/600N

MD520N 和 MD600N 是 MD500 单引擎轻型直升机家族中的两个无尾旋翼（NOTAR）机型。520N 采用 MD500 的机舱，能坐 2～4 名乘客。600N 用的是加长机舱，能座 7～8 名乘客。这两种机型都采用石墨合成材料的尾部构架，H 型机尾，内装 NOTAR 排气管。这两种机型还都有第六旋翼桨叶。

麦道公司（现麦道直升机公司）是根据美国军方的合同要求开发这种NOTAR 系统的，但军方现在又不采用这种系统了。1988 年 2 月，麦道公司发布适用于民用市场的 MD520N。1991 年 9 月获得 FAA 认证。

MD600N（原为 630N）于 1995 年 1 月首次亮相，但有一架样机在 1994年 11 月就已经开始试飞了。这个机型有第六主旋翼桨叶，并采用升级后的罗尔斯—罗伊斯（亚里森）发动机。亚利桑那州的空中之星直升机公司于 1995年 2 月提出了此项目的启动订单，首架 MD600N 于 1997 年 5 月交付使用。

与此同时，麦道公司继续生产 MD520N 飞机。到 2000 年底，已有 80 多架（加上大约 50 架 MD600N）飞机交货。这种飞机尤其适用于完成各种政府任务。洛杉矶县的县长办公室订购了 9 架 MD520N，美国的边防警察部队则订购了 45 架 MD600N。

西科斯基 S-61

S-61 是一种大型双引擎运输直升机，最多可乘坐 30 名乘客。尽管主要是作为一种海军用和军用飞机（型号分别为 SH-3"海王"和 CH-3）设计制造的，但 S-61 也是广泛用作直升客机的第一种机型。

S-61 的样机于 1960 年 12 月首飞，但其军用的 SH-3 机型早在 1959 年 3 月就开始飞行了。这种飞机是在 1961 年 11 月获得 FAA 认证的。

S-61 有两种基本的机型。S-61L 采用可收回的轮式起落架，供陆上使用，首飞于 1960 年。S-61N 是一种两栖飞机，带稳定浮筒和密封舱体。

这两种机型都有一个可收回的小鼻子型天线屏蔽器，内装气象雷达，并由两台通用电气的 CT58 型涡轮轴发动机带动一架 5 桨叶的主旋翼。

到 1980 年生产终止时，西科斯基公司共为民用客户生产了 136 架 S-61 型飞机，外加一些 SH-3 型军用机也改作民用。许多新生产的 S-61 都进入了英国国际直升机公司。还有其他一些经营单位也在使用 S-61，其中包括挪威的直升机服务公司，也是使用 S-61N 的。

意大利的阿古斯塔公司也制造了大约 5 架型号为 AS-61N1"白银"的示范机。这是在 S-61N 基础上重新安排窗口位置和采用较小的翼梢浮筒制造而成的机型。这种专为海上搜救工作设计的机型首飞于 1984 年 7 月。

西科斯基 S – 76

　　西科斯基公司的 S – 76 是一种双涡轮轴发动机的运输和多用直升机，供政要出行、紧急医疗救护、海上石油钻探支援及其他任务使用。这是一种中型飞机，S – 76 的运输机型可乘坐 8 ~ 12 名乘客，可和欧洲直升机公司的 AS. 365 直升机相媲美。

　　西科斯基公司于 1995 年初首次宣布 S – 76 项目。这种飞机是和该公司颇受欢迎的 UH – 60 "黑鹰" 军用直升机一起开发的，并采用了相关的技术。第一批 4 架 S – 76 样机于 1977 年 3 月试飞。

　　S – 76 有许多令人不易分清的机型，各自选用不同的发动机。第一种是 S – 76 和 S – 76 马克Ⅱ，都配备罗尔斯—罗伊斯（亚里森）250 型涡轮轴发动机。然后就是较大型的 S – 76B，配备的是普拉特—惠特尼加拿大的 PT6B – 36 型发动机，获得认证的时间为 1985 年。最后的一种机型是 S – 76C 和 S – 76C +，采用的是 S – 76B 的机身，但配备的是 Turbomeca 的 Arriel 发动机。S – 76C 取代 S – 76A +，这种机型是 1989 年在巴黎航空展上引入的，1991 年年中开始供货。1996 年年中，S – 76C 又被 S – 76C + 所取代，新机型配备了 Arriel 2S1 型发动机。还有一些配备亚里森发动机的 S – 76 改装 Arriel 发动机后型号变成了 S – 76A +。

　　西科斯基公司还曾计划生产一种军用改型机，即 H – 76。虽然该项目一直未能启动，但日本海军已使用 S – 76C 进行搜救工作，还有其他军事部门也用这个机型执行过各种任务。到 2000 年底，西科斯基公司已有 500 多架 S – 76 飞机交付使用。